JN115885

気象業務はいま
2024

守ります　人と　自然と　この地球

令和6年6月

気象庁

【表紙の写真について】
〈背景〉
水と地球
〈上段右上から〉
JICA 課題別研修「気象業務能力向上」コース
気象科学館長を務めるはれるん
気象庁のスーパーコンピュータ
気象庁記者会見の様子
〈下段右上から〉
日本の年平均気温偏差
凌風丸 IV 世
「夏休みこども見学デー」の様子

【裏表紙の写真について】
気象庁本庁庁舎

守ります　人と　自然と　この地球

【ロゴマークの説明】
中心の球は大気圏に包まれる地球を表し、表面に地球を周回する大気の流れを描いています。
全体としては芽吹き、海の波など地球が抱える自然現象も表現するものとしています。

【キャッチコピー】
「守ります　人と　自然と　この地球」

はじめに

昨年は６月の台風第２号、６月から７月にかけての梅雨前線による大雨、９月の台風第13号などにより、多くの被害がありました。さらに、今年１月には令和６年能登半島地震により甚大な被害が発生しました。

これらの災害により犠牲になられた方々のご冥福をお祈りするとともに、災害に遭われましたすべての皆様に心よりお見舞いを申し上げます。

また、昨年は日本を含む世界各地で記録的な高温が発生し、世界と日本の年平均気温がこれまでの記録を大きく上回って統計開始以降最も高い値となりました。グテーレス国連事務総長の「地球沸騰の時代が到来した」という言葉に代表されるように、世界中で異常気象や気候変動に対して一層高い危機感をもって関心が向けられました。

気象庁の任務は、災害の予防、交通安全の確保、産業の興隆等に寄与するため、台風・集中豪雨等の気象、地震・津波・火山、さらに気候変動などに関する自然現象の観測・予報等と、その情報の利用促進を通じて、気象業務の健全な発達を図り、これにより安全、強靭で活力ある社会を実現することにあります。

気象庁では、昨今多くの大雨災害をもたらしている線状降水帯の予測精度向上を喫緊の課題として、観測体制や予測技術開発の強化に注力しています。また、令和６年能登半島地震も踏まえ、津波等の監視体制の強化などにも取り組んでいるところです。

加えて、自治体の防災対応をきめ細かく支援するため、「気象庁防災対応支援チーム」(JETT)としての職員派遣に加え、地域の気象と防災に精通した「気象防災アドバイザー」の拡充・普及をすすめ、地域防災力のさらなる向上に貢献して参ります。

本書「気象業務はいま」は、このような気象業務の全体像について広く知っていただくことを目的として、毎年６月１日の気象記念日に刊行しています。

今年は、気候変動に関する取り組みと令和６年能登半島地震について特集し、トピックスとして、地域防災支援、線状降水帯、地震・津波・火山に係る情報提供に関する取り組みに加え、気象情報が社会で活用されるための活動など気象庁の最近の動きについて取り上げます。また、世界気象機関（WMO）をはじめとした国際機関との関わりについても紹介します。

多くの方々が本書に目を通され、気象業務への皆様のご理解が深まりますとともに、各分野で活用されることを期待しています。

令和6年6月1日

気象庁長官　森　隆志

◆目次◆

◆目次◆

資料編

◇特集1◇
地球沸騰の時代が到来!?　～気象庁の気候変動に関する取り組み～

令和5年（2023年）は記録的な高温の1年であり、世界及び日本の平均気温は統計開始以降最も高くなりました。令和5年7月には、グテーレス国連事務総長が「地球温暖化の時代は終わり、地球沸騰の時代が到来した」という言葉で、気候変動による最悪の事態の回避を訴えました。

気候変動の影響は、地球規模での平均気温の上昇や海面水位の上昇、大雨の頻度や強度の増加、干ばつの増加、大気中の二酸化炭素濃度増加による海洋酸性化など、世界中様々なところに現れています。このため、気候変動は、国境を越えて社会、経済、人々の生活に影響を及ぼす問題であり、国際社会の一致団結した取り組みが不可欠です。

アントニオ・グテーレス氏
©UN Photo/Mark Garten

気候変動問題に関する国際社会の取り組みとしては、平成4年（1992年）に採択された「国連気候変動枠組条約」に基づき、国連気候変動枠組条約締約国会議（COP）が平成7年（1995年）から毎年開催され、世界での温室効果ガス排出削減に向けて、精力的な議論を行ってきました。平成27年（2015年）にフランス・パリで開催されたCOP21において採択されたパリ協定では、「世界の気温上昇を工業化以前から2℃より十分低く保ち、1.5℃に抑える努力をする」ことを世界共通の長期目標としました。

このような気候変動に関する国際的な合意形成において、気候変動に関する政府間パネル（IPCC）は評価報告書を作成・公表し、議論の基盤となる科学的知見を提供しており、最新の第6次評価報告書統合報告書では、地球温暖化は人間の影響が原因であることに疑いの余地はなく、世界の平均気温は工業化以前に比べ既に1.1℃上昇しており、短期のうちに1.5℃に到達する見込みであることが示されました。また、この10年間に行う選択や実施する対策は、現在から数千年先まで影響を持つと警鐘をならしています。

気候変動の課題に対する取り組みは全世界の喫緊の課題となっている中、気象庁では、気候変動の緩和策や適応策などを支援していくために、気候変動の観測成果や将来予測に関する情報を蓄積し、広く周知、情報提供をしています。本特集では、令和5年（2023年）の国内外の記録的な高温の状況等について振り返るとともに、気象庁の気候変動に関する最近の取り組みについてご紹介します。

1850～1900年を基準とした世界平均気温の変化

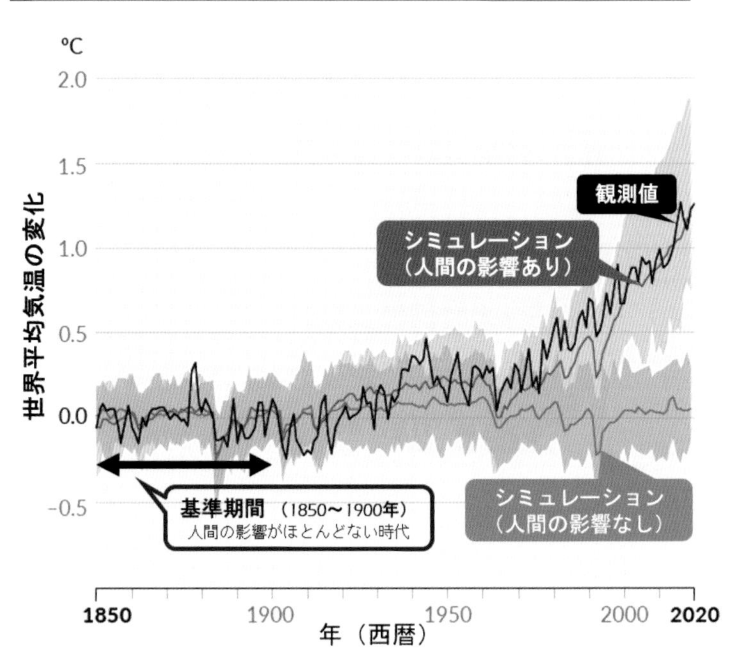

IPCC第6次評価報告書第1作業部会報告書 政策決定者向け要約 図SPM.1(b)に加筆

1　令和５年（2023年）の記録的な高温を振り返る

(1) 統計開始以降最も暑かった１年間

令和５年（2023年）の世界の年平均気温偏差は、統計を開始した明治24年（1891年）以降、最も高くなりました。日本においても、令和５年の年平均気温偏差は、統計を開始した明治31年（1898年）以降、最も高い値となりました。日本の平均気温は、長期的には100年あたり1.35℃の割合で上昇しており、特に1990年代以降高温となる年が多くなっています。地球温暖化の進行に伴い、このような記録的な高温となる年が発生しやすくなっています。

特に７月後半から北・東日本を中心に記録的な高温となりました。７月後半以降は猛暑日となった地点が多く、８月31日までに全国のアメダス地点で観測された猛暑日の積算日数は平成22年（2010年）以降で最も多くなりました。８月５日には福島県伊達市梁川（ヤナガワ）で40.0℃を観測するなど、夏（6～８月）に全国の観測点915地点のうち128地点で通年の日最高気温が高い記録を更新しました（タイを含む）。

日本の年平均気温偏差

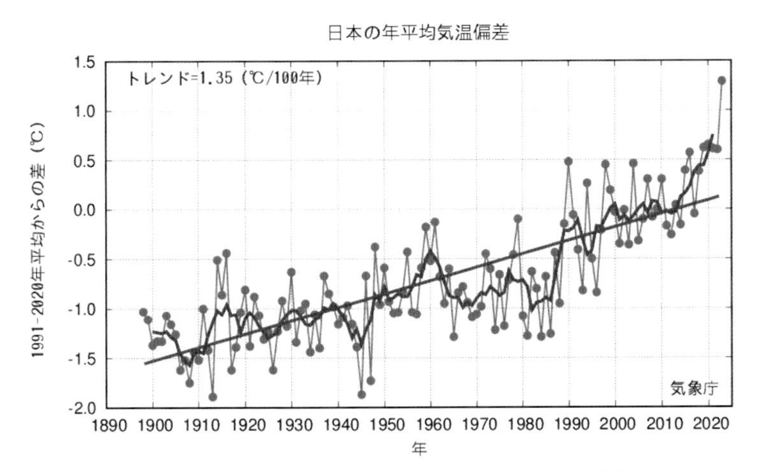

日本		
順位	年	気温偏差（℃）
1	2023	+1.29
2	2020	+0.65
3	2019	+0.62
4	2021	+0.61
5	2022	+0.60

日本の年平均気温偏差の経年変化（1898～2023年）と順位表（上位５年）
黒線は各年の偏差、青線は偏差の５年移動平均値、赤線は長期変化傾向（この期間の平均的な変化傾向）を示す。偏差の算出には1991～2020年の30年平均値を用いている。

気象庁では、今回のかなりの高温を事前に予想し、令和５年７月20日には東北日本海側を除く各地方を対象に「高温」の早期天候情報を発表するなど、熱中症対策や健康管理、農作物や家畜の管理等への注意を呼びかけました。その後も、段階的に「高温に関する気象情報」や環境省と共同で発表する「熱中症警戒アラート」等の情報により、盛夏期の顕著な高温への注意を呼びかけました。しかし、この高温により、熱中症による救急搬送人員は７月、８月と３万人を超え、平成20年（2008年）以降でそれぞれ２番目、３番目に多くなる（総務省による）など社会生活に大きな影響を与えました。

６月～８月の地域平均気温平年差の推移

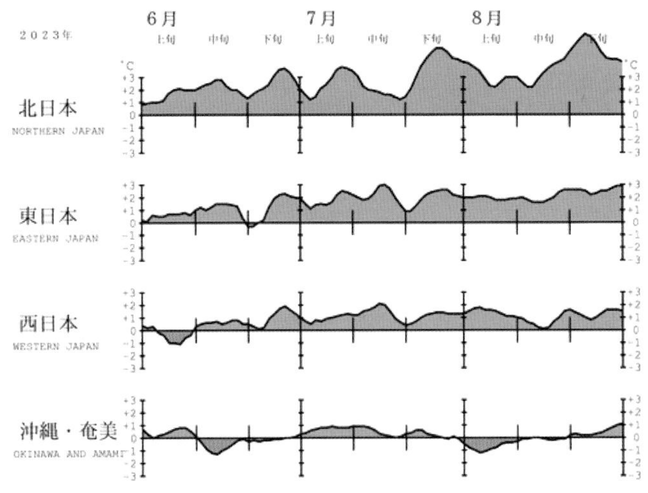

2023年６月～８月の５日移動平均した地域平均気温平年差の推移（℃）。

7月末～8月はじめの高温の早期天候情報と2週間気温予報

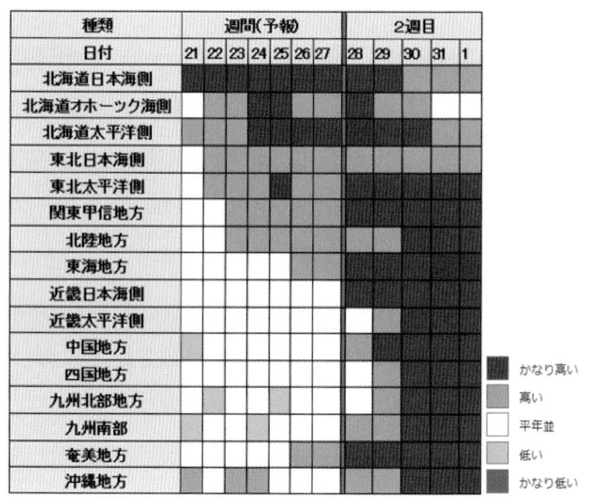

7月20日発表の7月末～8月はじめを対象とする（左）早期天候情報と（右）2週間気温予報。

(2) 日本近海の記録的な海面水温

令和5年（2023年）は気温が記録的に高かっただけでなく、日本近海の海面水温も高い状態となっていました。令和5年の日本近海の月平均海面水温（海域1から海域10の全海域を平均）は、すべての月で平年（1991年～2020年の平均値）より高くなりました。特に9月は平年差+1.6℃となり、10海域のうち6海域で昭和57年(1982年)以降での第1位となりました。

日本近海の平均海面水温が記録的に高くなったのは、日本の平均気温が記録的に高かったことや、例年房総半島沖を東に流れる黒潮続流が三陸沖にまで北上し、海面の内部まで海水温の高い状態が春頃から続いていること、さらには日本に接近した台風が平年より少なく、台風の通過に伴う海面水温低下の効果が小さかったこともその要因のひとつと考えられます。

日本周辺海域の令和5年（2023年）9月の平均海面水温の平年差と10海域の区分

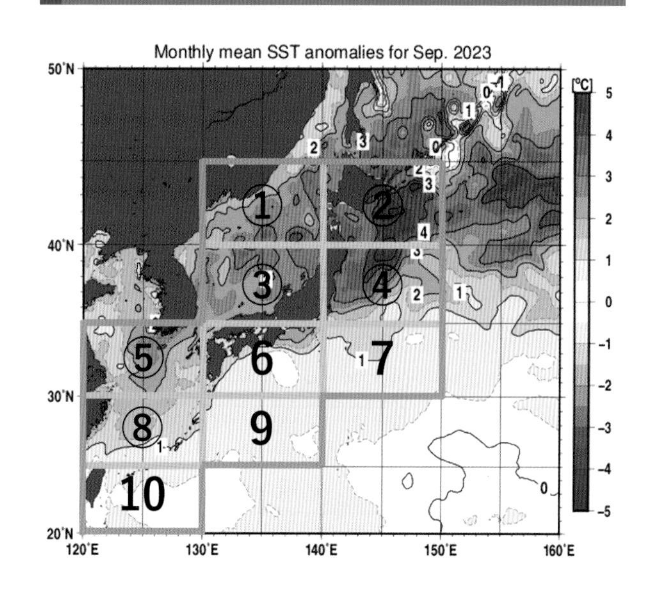

日本近海の9月の平均海面水温の平年差の推移（1982～2023年）

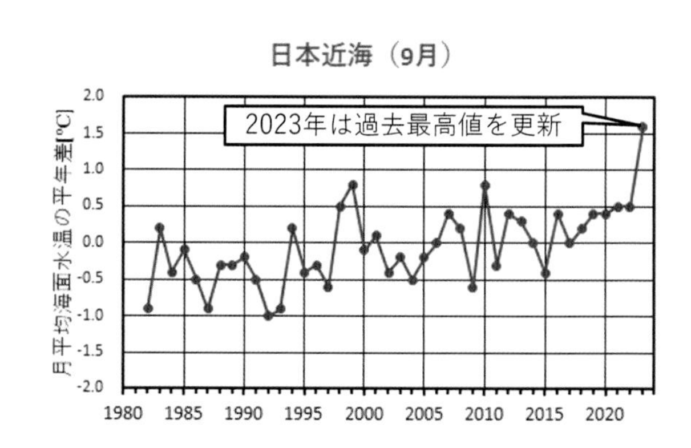

（左図）平年は1991年～2020年の平均値。経度10度・緯度5度間隔に区切った各海域の番号のうち、丸数字は1982年以降過去最高となった海域を表す。青枠は日本近海の範囲を示す。

（右図）日本近海の9月の平均海面水温の1982年以降の時系列。平年は1991年～2020年の平均値。

(3) 7 月後半以降の顕著な高温の要因

気象庁では、社会・経済に大きな影響を与える異常気象が発生した場合、その発生要因について最新の科学的知見に基づいて分析し、その見解を迅速に発表することを目的とした「異常気象分析検討会」（大学・研究機関等の気候に関する専門家から構成）を平成 19 年（2007 年）6 月より運営しています。今回の記録的な高温の発生要因についても本検討会で分析・検討を行い、令和 5 年（2023 年）8 月 28 日にその結果を公表しました。

本検討会における分析では、7 月下旬の記録的な高温は、日本付近で下層の太平洋高気圧の張り出しが顕著に強まり（図中①）、持続的な下降気流や晴天による強い日射によってもたらされたことがわかりました。また、日本付近では上層の亜熱帯ジェット気流が明瞭に平年の位置より北に偏り（②）、暖気を伴った背の高い高気圧に覆われた（③）ことも高温に寄与したと考えられます。太平洋高気圧の日本付近への張り出しが強まったことと亜熱帯ジェット気流が北に偏ったことについては、台風第 4 号、第 5 号、第 6 号と続けてフィリピン付近を北上し、その周辺で積雲対流活動が平年と比べて顕著に活発化したこと（④）が、影響したことが分かりました。さらに、2022/23 年冬に終息したラニーニャ現象の影響で、熱帯北西太平洋で海面水温が平年より高かったこと、及び熱帯インド洋において海水温が今夏まで比較的低く保たれて積雲対流活動が平年より弱かった（⑤）ことも、フィリピン周辺の積雲対流活動の活発化に寄与した可能性があります。今夏の顕著な高温には、上記の要因に加え、持続的な温暖化傾向に伴う全球的な高温傾向の影響が加わったと考えらます。また、北日本周辺では海面水温が記録的に高く、特に三陸沖では黒潮続流の北上に伴って海洋内部まで水温が顕著に高い状態が続きました。この高い海面水温によって、日本海北部や北海道南東方から東北沖にかけては下層大気が冷やされにくかったことも、北日本の記録的な高温に寄与した可能性があります（⑥）。

7 月後半の顕著な高温をもたらした大規模な大気の流れ

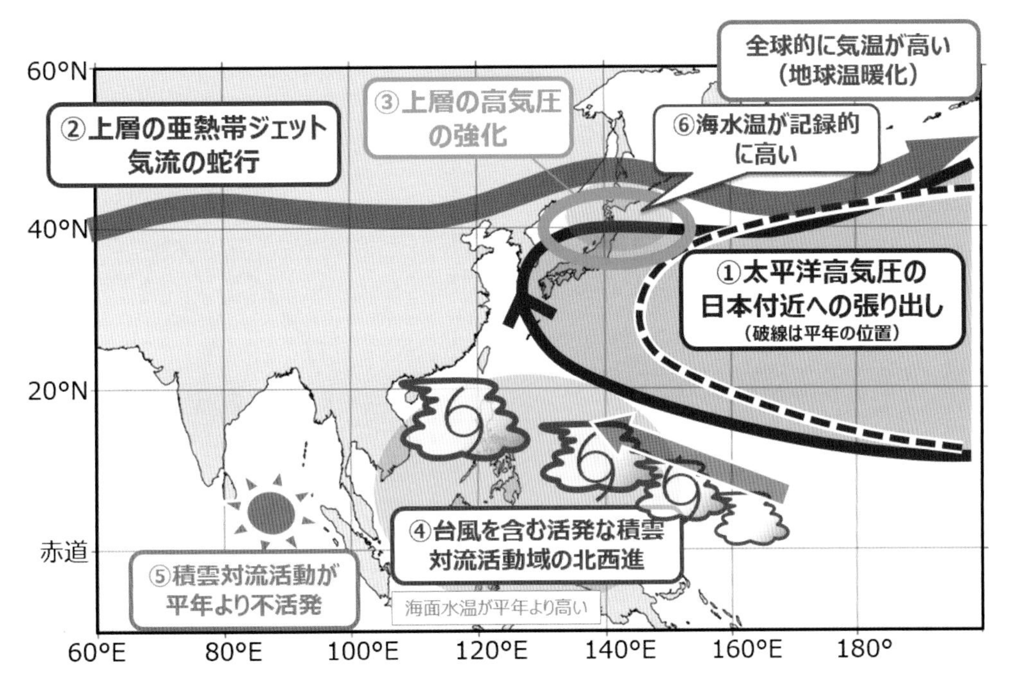

異常気象分析検討会での分析結果をまとめた概念図。

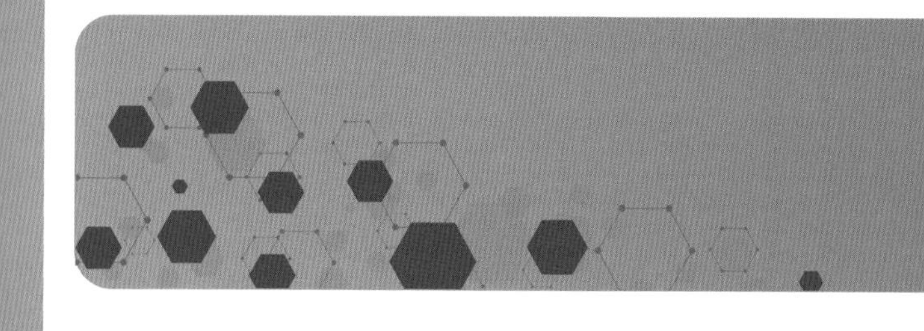

コラム

●令和５年（2023年）夏の猛暑と大雨のイベント・アトリビューション

①イベント・アトリビューション（EA）とは

豪雨、猛暑、大雪などの極端現象の発生に対して、地球温暖化がどの程度影響を与えていたかを統計的に分析する試みを「イベント・アトリビューション」（以下「EA」という。）と呼びます。確率的 EA と呼ばれる手法では、全球気候モデルを用いて、地球温暖化が進行した現実の条件と、産業化以降の人間活動による地球温暖化が起こらなかったと仮定した条件で、それぞれ多数のシミュレーションを実施し比較することで、特定の極端現象の発生に対する地球温暖化の影響を確率的に評価します。

一方、大雨特別警報が発表されるような大雨等について、総降水量に対する地球温暖化の影響を評価する EA 手法も存在し、量的 EA と呼びます。量的 EA では、高解像度気象モデルの初期の値と上下四方の境界の値に、実際の気温や風、海面水温等の条件を与え続けて極端現象発生時の気象状況を再現した実験と、類似の気象条件で気温や海面水温を温暖化が起こらなかったと仮定した場合の値にして行った実験（擬似非温暖化実験と呼ばれる。）を比較することで、極端現象に伴う降水量等への温暖化の影響を評価します。

気象研究所では文部科学省や大学・研究機関と協力して、「地球温暖化対策に資するアンサンブル気候予測データベース（d4PDF）」（（4）気候変動に関する最近の研究成果. を参照）を活用した EA の研究を推進しています。令和４年度には、シミュレーションに必要な海面水温や海氷に気象庁の３か月予報データを用いる新たな手法を開発することで分析時間を短縮し、極端現象発生から情報発信までの時間を大幅に短縮しました。また、全球気候モデルの計算結果を、地域気候モデルを用いて高解像度化することで、線状降水帯などの局所的な大雨についても EA が可能となりました。今回、令和５年夏に発生した猛暑と大雨（線状降水帯）に対して、確率的 EA と量的 EA を実施し、地球温暖化の影響を評価しました。

②令和５年夏の猛暑の確率的 EA

令和５年７月下旬から８月上旬の日本の記録的な高温に対して確率的 EA を実施したところ、この時期の日本上空の高温の発生確率は、現実の気候条件下では 1.65%であったことが分かりました。これは、およそ 60 年に１度しか発生しない非常に稀なイベントであったことを意味します。令和５年は日本に冷夏をもたらしやすいエルニーニョ現象が発生していましたが、フィリピン付近の対流活動や台風第６号などの偶発的かつ極端な環境が影響した結果、極端な高温になったとみられます。一方、このうち地球温暖化の影響を取り除いた場合の実験結果では、今回の高温イベントの発生確率がほぼ 0%、つまり、様々な偶然が重なったとしても、人為起源の地球温暖化による気温の底上げがなければ起こり得なかったことが示されました。

令和５年７月下旬から８月上旬の高温イベントの発生頻度

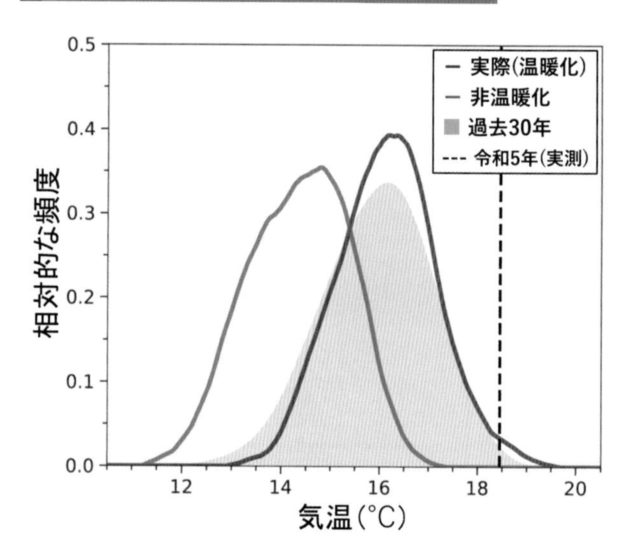

横軸は北日本上空（東経 138 − 146 度、北緯 37 − 45 度）約 1500 メートルの平均気温、縦軸は頻度を示します（7 月 23 日から 8 月 10 日の平均）。赤実線は実際の温暖化がある令和５年の気候条件、青実線は温暖化がなかったと仮定した場合の気候条件。薄赤色の山型は 1991 年から 2020 年の 30 年間の頻度分布。令和５年の実測値を表す黒破線の値を超えた面積が今回の高温イベントの発生確率 (1.65%) を表します。

③令和５年夏の線状降水帯の確率的 EA と九州の大雨の量的 EA

次に、確率的 EA における全球気候モデルの結果を水平解像度 5km の地域気候モデルを用いて高解像度化することで、5km メッシュで解像可能な線状降水帯に対する地球温暖化の影響を調べました。線状降水帯の抽出には気象研究所で開発された線状降水帯抽出手法を用いており、気象庁がキキクル（危険度分布）の基準も踏まえて判定する線状降水帯（顕著な大雨に関する気象情報）とは抽出条件がやや異なります。

令和５年６月から７月上旬に 5km モデルの中で発生した線状降水帯を抽出した結果、線状降水帯は実際の観測と同様、九州で多く発生しました。また、地球温暖化により日本全国の線状降水帯の総数が約 1.5 倍に増加していたと見積もられ、特に九州地方での増加が顕著でした。

次に、大雨特別警報が発表された令和５年７月９日から 10 日に九州北部で発生した大雨について量的 EA を用いて地球温暖化の影響を評価しました。その結果、図の赤枠内の期間総降水量は、地球温暖化がなかったと仮定した場合と比べて 16％程度増加していたことが分かりました。

令和５年６月から７月上旬にかけての線状降水帯の発生数

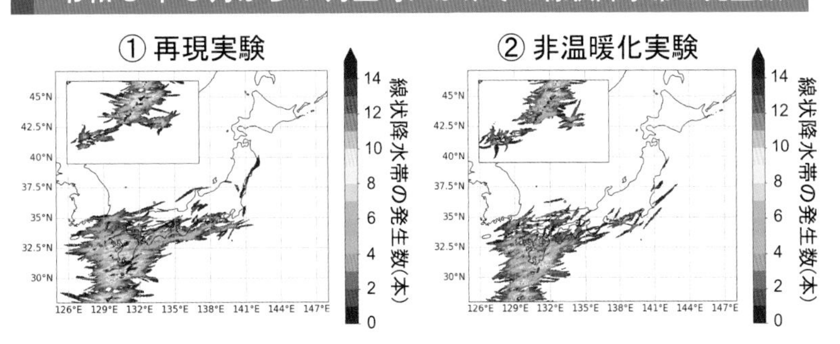

左から、①実際の（温暖化がある）令和５年（2023 年）の気候条件下のシミュレーションにおける線状降水帯の発生数（100 本のシミュレーションの合計値、期間は６月１日から７月 10 日）、②温暖化がなかったと仮定した 2023 年の気候条件下のシミュレーションにおける線状降水帯の発生数。

令和５年７月９日から 10 日の大雨のシミュレーション

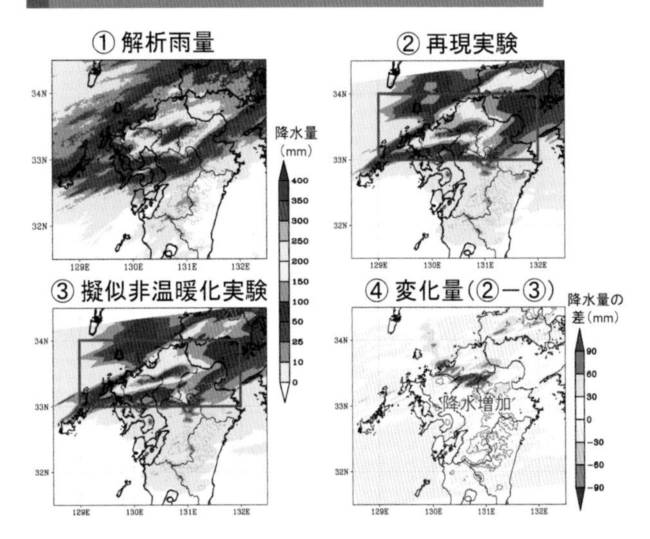

７月９日９時から 10 日 21 時までの 36 時間積算雨量。左上から、①解析雨量、②実際の（温暖化がある）令和５年（2023 年）７月９日から 10 日のシミュレーションにおける 36 時間雨量、①と②を比較することで、シミュレーションの再現性を検証できます。③温暖化がなかったと仮定した同期間の 36 時間雨量、④ ②と③の差。赤枠内の陸上で総雨量を比較。

(4) 世界の異常気象と気象災害

社会経済活動の国際化により、世界各国で発生する異常気象が、その国だけでなく、日本の社会経済にも大きな影響を与えるようになっています。このため、気象庁では世界の異常気象等に関する情報を逐次提供しています。

令和５年（2023 年）にも、世界各地で顕著な高温を含む異常気象が多く発生し、記録が更新されるほどの異常高温や森林火災が発生した国がみられました。例えば、３月～ 12 月は世界の各地で平年を大きく上回る高温となり、ベトナム北部のゲアン（Nghean）では５月７日に 44.2℃を観測し、ベトナムの国内最高気温を更新したとベトナム気象局から報じられました。このほか、７月には中国にて、11 月にはブラジルにてそれぞれの国内最高気温を更新する値が観測されたと報じられました。また、８月には日本、インド、スペインなどで、９月には日本、韓国、中国、英国、フランスなどで月平均気温がそれぞれの国の統計開始以降で最も高くなりました。カナダでは、令和5年に発生した森林火災により約18.5万平方キロメートルが焼失し、昭和58年（1983年）以降で最大の焼失面積になったと報じられました。 これら一連の顕著な高温をもたらした要因として、エルニーニョ現象に伴い熱帯域を中心に昇温したことや、偏西風の蛇行に伴って暖かい空気に覆われやすかったことが考えられます。なお、顕著な高温の背景には、地球温暖化に伴う全球的な気温の上昇傾向も影響したと考えられます。

その他、8月には米国ハワイ州でハリケーンに伴う強風や乾燥による森林火災（図⑭）により120人以上が死亡し、9月には地中海で発達した低気圧による大雨（図⑨）の影響でリビアでは12,350人以上が死亡するなど、大きな人的・経済的被害をもたらした気象災害が発生しました。

令和5年（2023年）の異常気象・気象災害発生地域分布図

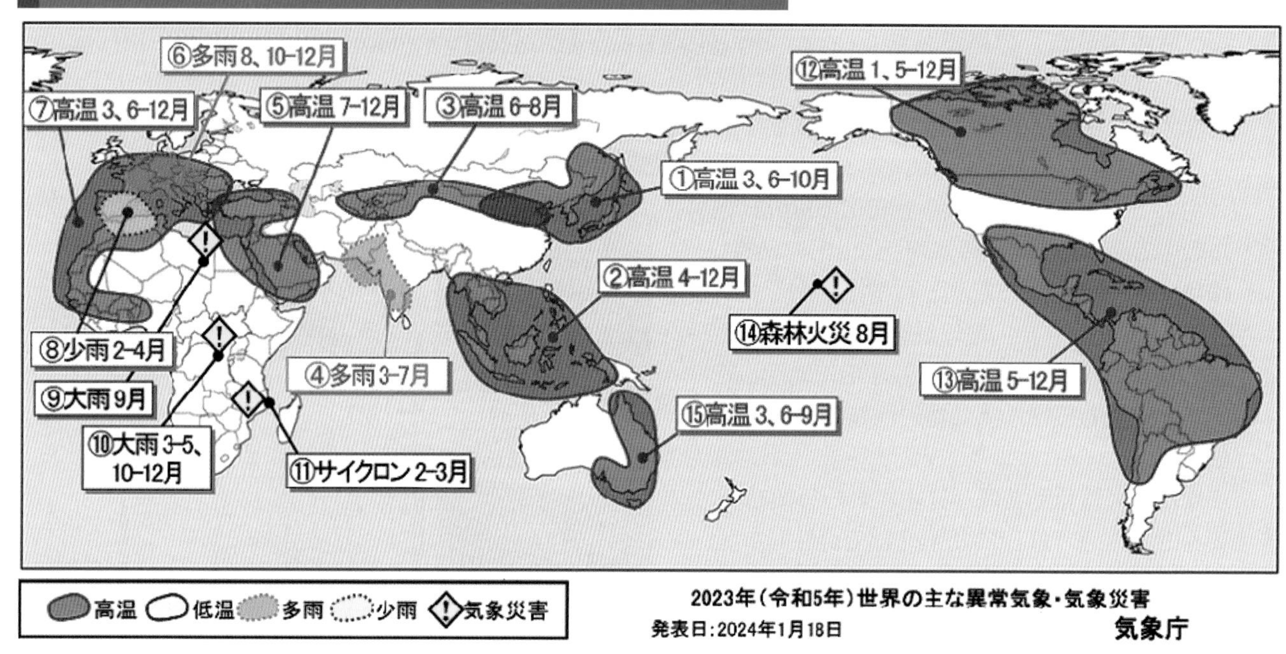

令和5年(2023年)の異常気象・気象災害発生地域の分布図。各国気象局の通報等に基づき、気象庁で作成。

コラム

● 2023年の異常高温を振り返って

異常気象分析検討会会長　（東京大学先端科学技術研究センター 教授）

中村　尚

2023年を回顧すると、日本・世界ともに過去に例を見ない異常高温だったことがまず挙げられる。地球温暖化の顕在化に伴い、過去40年ほど日本・世界平均ともに地表気温は明瞭な温暖化傾向を示してきた。これは6～8月平均の気温偏差時系列においても同様で、取り分け全球平均値において温暖化傾向は顕在化している（右図）。

全球平均値に比べ日本域の気温に年々変動が明瞭なのは、日本域の天候状態が上空の西風ジェット気流の持続的蛇行など気候系の自然変動の影響を強く受けるためである。数値大気モデルによって数多くのわずかに異なる初期状態から大気状態の変遷を再現することを通じて人為的な地球温暖化の寄与を評価する「イベント・アトリビューション」手法によれば（文部科学省・気象研究所　2023）、2023 年盛夏期に観測された記録的に高い日本域の下層気温は、産業革命以降の人為的温暖化の顕在化のみならず、顕著な自然変動の寄与無しには起こり得なかったことが分かる。実際、2023 年の日本域の夏季平均気温（平年差 +1.76℃）は、歴代 3 位の 2022 年の値（平年差 +0.91℃）を大きく凌駕して歴代1位となり、温暖化傾向に重畳した自然変動の顕著な寄与を物語っている。

世界の夏（6 ～ 8 月）平均気温

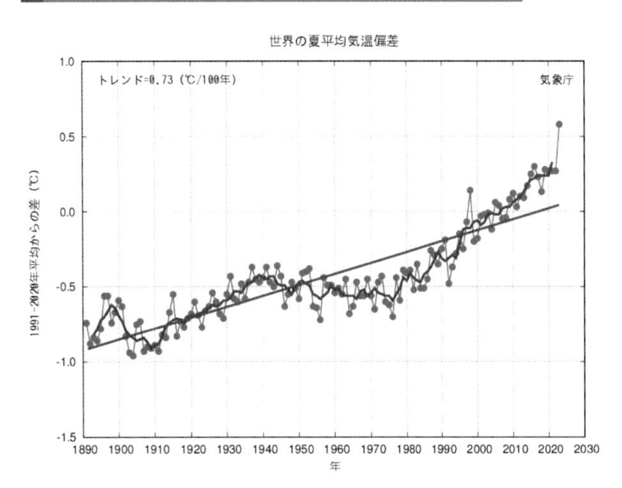

細線（黒）：各年の平均気温の基準値からの差、太線（青）：偏差の 5 年移動平均値、直線（赤）：長期変化傾向。
基準値は 1991 ～ 2020 年の 30 年平均値。

昨年 8 月下旬に開催した異常気象分析検討会において、2023 年盛夏期の記録的猛暑に寄与した自然変動要因を特定した。その中に海洋からの影響が様々な形で含まれている。例えば、赤道太平洋域では海面水温が平年より高まる「エルニーニョ現象」が起きており、その遠隔影響で熱帯北西太平洋域の積雲対流活動が抑制されるかと思われるが、実際はその逆であった。これは、昨冬まで持続した「(赤道太平洋域の海面水温が平年より低い) ラニーニャ現象」の影響で、熱帯インド洋の海面水温が周囲よりも低めに保たれ、インドネシア付近で積雲対流活動が抑制されたことの影響が考えられる。

一方、北日本の周辺で顕在化する「海洋熱波」の影響も決して無視できない。特に、北海道南東沖や三陸沖の海面水温が平年差 +5℃以上の記録的高さとなった影響で下層雲が形成されにくくなり、東北地方沿岸で日射量もかなり多くなった。この記録的に高い海面水温は、黒潮系の暖水が親潮系の冷水を押しのけて北緯 40 度付近まで北上するという海洋循環の顕著な異常に伴われており、この海域の 100m 深の水温は実に平年差 +10℃以上という異常な状況となっている。何故このような海流の異常が生じ, 大気にどのような影響を与えたかは今後の重要な研究課題である。なお、8 月に新潟沿岸で海面水温が 30℃に達し、日本近海で最も高くなったのは特筆すべきであろう。

さて、6 ～ 8 月平均の全球平均気温（平年差 +0.59℃）も、歴代 4 位の前年の値（平年差 +0.27℃）を凌駕して歴代 1 位となり、自然変動からの大きな寄与が示唆される。その 1 つに「エルニーニョ現象」の影響により熱帯域で全般的に対流圏が高温化したことが挙げられる。それに加え、中緯度北太平洋・大西洋域で顕著に高かった海面水温がどう寄与したかも今後の重要な研究課題であろう。

最新の「気候変動に関する政府間パネル（IPCC）」評価報告書にも示されるように、温暖化のさらなる顕在化に伴って各地で熱波・豪雨・干魃などの異常天候が深刻化することが懸念される。そうした異常天候に伴う被害を軽減するには、温暖化に重畳する自然変動を予測することが重要である。そうした観点からも、持続的な偏西風蛇行をもたらす遠隔影響（テレコネクション）の概念を確固たるものにしたホスキンス・ウォーレス両博士に 2024 年日本国際賞が授与されるのは実に意義深い。

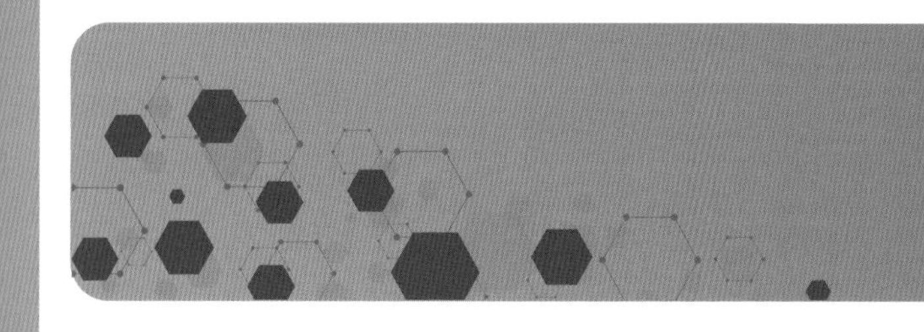

2 気候変動に対する取り組み

(1) 気候変動対策に資する情報提供

気象庁は、気候変動対策に関する国際的な取り組みに参加するとともに、我が国の政府、地方公共団体及び民間企業等が対策を行う際の基盤的な情報として活用されるよう、日本の気候変動に関する観測成果と将来予測をとりまとめて公表しています。

ア 気候変動に関する国内の動向

国内においては、極端な高温のリスクが増加する見通しを踏まえた気候変動適応法の改正による熱中症対策の強化や、2050年カーボンニュートラル実現を見据えた経済社会システム全体の変革、すなわちグリーントランスフォーメーション（GX）に積極的に取り組む企業が官・学と共に協働する場（GXリーグ）の取り組みが開始されるなど、気候変動対策のための具体的な取り組みがますます加速しています。

日本における大雨の将来予測

	2°C上昇シナリオによる予測 パリ協定の2°C目標が達成された世界	4°C上昇シナリオによる予測 現時点を超える追加的な緩和策を取らなかった世界
日降水量200 mm以上の年間日数	約1.5倍に増加	約2.3倍に増加
1時間降水量50 mm以上の頻度	約1.6倍に増加	約2.3倍に増加
日降水量の年最大値	約12%（約15 mm）増加	約27%（約33 mm）増加
日降水量1.0 mm未満の年間日数	（有意な変化は予測されない）	約8.2日増加

日本の気候変動 2020 より。日本全国について、21 世紀末時点の予測を 20 世紀末又は現在と比較したもの。

このような動向の中、気象庁は、国、地方公共団体、民間企業などが各々の分野において様々な気候変動対策を立案する上で科学的な基盤となる、気候変動に関する観測成果及び将来予測情報を提供しています。

令和2年（2020年）12月、気象庁は文部科学省と共に、「気候変動に関する懇談会」の助言を踏まえ、日本における気候変動の観測成果と将来予測について、最新の知見を取りまとめた「日本の気候変動 2020」を公表しました。本報告書は我が国政府における気候変動適応計画及び地方公共団体における地域計画の基礎として活用されています。また、広く一般の方々にとっても、気候変動に関する入門書の1つとしてご利用いただけます。令和4年（2022年）3月には、このような情報を都道府県ごとに示したリーフレットも公表しています。

さらに令和4年（2022年）12月、気候変動に関する将来予測結果など15種類のデータをまとめた「気候予測データセット2022」も、利用上の注意点等をまとめた解説書付きで公表しました。当該データセットは、様々な研究機関や企業等が気候変動の影響評価等について分析・評価する等、気候変動への適応策等の基礎データとして活用されており、利活用を進めるため、当庁は関係機関の懇談会などで情報支援を行っています。

現在は、気候変動に関する最新の知見を取り込んで、よりわかりやすい内容となるような、「日本の気候変動 2020」の後継となる報告書を令和7年（2025年）3月中旬に公表するよう準備を進めており、気候変動に関する基盤的な情報を提供することで気候変動対策に貢献してまいります。

日本の気候変動 2020　https://www.data.jma.go.jp/cpdinfo/ccj/index.html

イ　気候変動に関する国際的な動向

令和５年（2023年）11月～12月にかけて、アラブ首長国連邦（ドバイ）で国連気候変動枠組条約（UNFCCC）第28回締約国会議（COP28）が開催され、岸田総理大臣が首脳級会合「世界気候行動サミット」に出席し、多様な道筋の下で全ての国がネット・ゼロ（温室効果ガス排出量正味ゼロ）という共通の目標に向けて取り組むべきことを改めて訴えました。交渉では、パリ協定の目標に対する進捗を確認する第１回グローバル・ストックテイク（GST）が完了するとともに、ロス&ダメージ（気候変動の悪影響に伴う損失と損害）に対応するための基金制度の大枠に関する決定が採択されました。

COP28の会場の様子

このような気候変動に関する国際的な合意形成において、気候変動に関する政府間パネル（IPCC）はこれまで６回にわたって評価報告書を作成・公表し、議論の基盤となる科学的知見を提供しています。報告書の中でも述べられているように、将来の温暖化がどうなるかは、我々がどのような温室効果ガス排出のシナリオをたどるかに依存しています（図参照）。その影響は将来世代ほど深刻になり、極端現象に対する備えが今後ますます重要になります。気象庁は、高度な専門知識を有する気象研究所の職員がIPCC報告書の執筆者として参画し、気象庁を含む国内研究機関等による最新の研究成果を報告書の評価に反映することで、IPCCの活動に貢献してきました。現在、第７次評価報告書の作成に向けた議論が始まっており、政府の一員として、IPCCが引き続き気候変動対策のための最新の科学的知見を提供し国際的な気候変動対策の強化・推進の原動力となるよう、取り組んでいます。

現在及び将来世代が経験する世界平均気温の変化

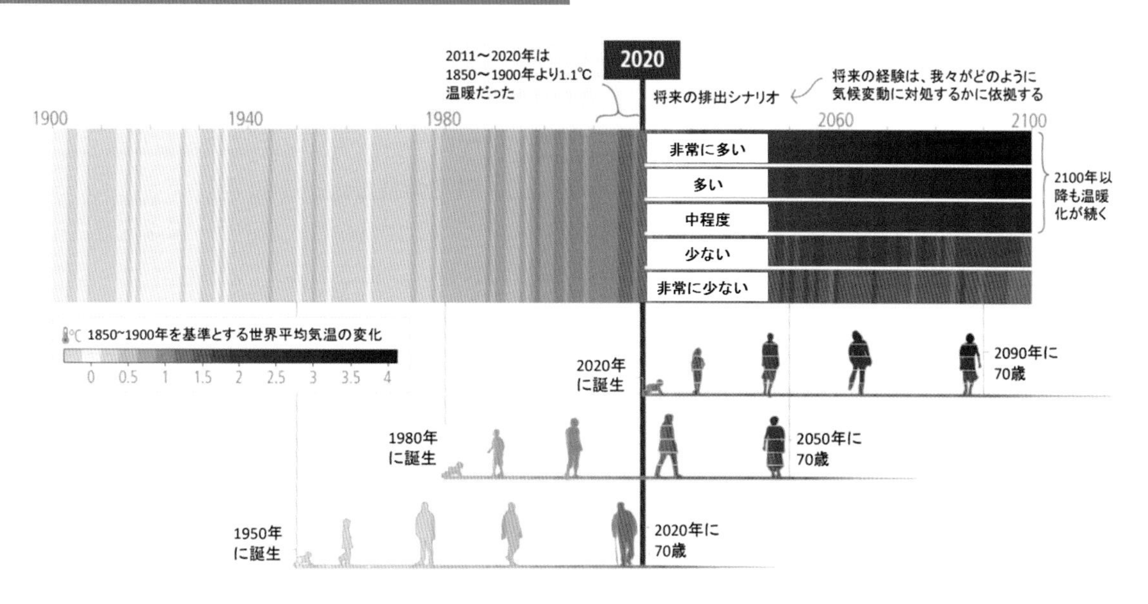

IPCC第６次評価報告書統合報告書 政策決定者向け要約 図SPM.1(c)より。過去から現在、将来予測における世界平均気温の変化（1850～1900年基準）を「縦じま」で示すとともに、３つの世代（1950年、1980年及び2020年生まれ）の生涯にどのように影響するかを示したもの。将来の世界平均気温と各世代の「横じま」は、将来の温室効果ガス排出シナリオ（非常に少ない から 非常に多いの５段階）を示す。

IPCC第６次評価報告書統合報告書等主要部分の和訳

https://www.data.jma.go.jp/cpdinfo/ipcc/ar6/index.html

コラム

●若者と共に気候変動問題を考える

気象キャスターネットワーク理事長
井田　寛子

気候変動問題に関するアンケート（気象庁 令和３（2021）年度気象情報の利活用状況に関する調査）から「若い世代（20 代）の関心が低い」との結果を受けて、大学生や大学院生の皆さんの協力を得て気候講演会（ワークショップとパネルディスカッション）が開かれました。講演会の狙いは若者の気候変動への興味関心がどこにあるのかを把握し、効果的な周知・広報につなげることにあり、一過性の催しに終わらずいかに次に繋げられるかを課題とした企画でした。私は、気象キャスターネットワーク理事長の立場から、ワークショップで使用する資料の作成や全体の司会、コーディネートを担いました。

11 月に行われたワークショップでは、気候変動にまつわる講義を行った後、２つのグループに分かれて議論、発表をしてもらいました。講義では私と東京大学未来ビジョン研究センターの江守教授、環境省気候変動適応室の池田室長補佐より、それぞれの専門の立場から 30 分程度の講義を実施しました。江守さんからは気候変動の影響に関する最新の科学の知見、私からは近年の異常気象や気象災害に加え、「日本の気候変動 2020」を基に 2100 年の未来の天気予報をお伝えしました。最後に池田さんからは気候変動の影響評価と適応策の推進についてのお話がありました。学生さんには、3つの講義を聴いてもらった後、日頃から気候変動問題に積極的に活動するグループと、そうではないグループに分かれてワークショップに取り組んでもらいました。ワークショップの課題は「気候変動で未来の私たちの暮らしはどう変わるのか」について「生活」「働き方」「学校」の３つの視点から、「未来の暮らしはどう変わるのか?」「ビジネスにはどんなリスク・チャンスがあるか?」「政治家だったらどんな政策を打ち出すか?」について議論、発表をしてもらいました。学生さんからは、「暑くて外に出られない、夜しか外に出ない」「産地が変化し、地元で取れるものの品質が落ちる」「討論型世論調査を起用し、ボトムアップで地域から政府に届ける」等の意見が出されました。

12 月には 11 月のワークショップを踏まえたパネルディスカッションが行われ、パネラーには江守さん、環境省気候変動適応室中島室長、気象庁気象リスク対策課水野課長、学生さんはそれぞれのグループから２名ずつ参加、私は司会進行を務めました。パネラーの皆さんには事前に前回のワークショップから気になる意見を伝えてもらい、その内容を深掘したパネルディスカッションでした。

今回の気候講演会を通して、普段から気候変動問題に積極的に活動している学生さんは、実際に政府がどのようなアクションをしているのかという解決策や具体的な政策について興味がある一方、その他のグループは身近な生活に与える影響について興味があるという違いを見ることができました。また、違うグループの意見を聴くことで考えが変化していく様子も見られ、若者の関心を高めていくには、普段は交わらない環境の人たちが集まる機会を作ることも効果的なのではないかと感じました。今回の気候講演会を踏まえ、内容を向上させながら全国で持続的に取り組まれていくことに期待をしたいと思います。

気候講演会　https://www.data.jma.go.jp/cpdinfo/climate_lecture/index.html

(2) 気象庁第３次長期再解析（JRA-3Q）の完成とその利活用に向けて

過去の大気の状態を高精度に再現したデータセットである長期再解析は、過去の災害事例の調査、異常気象分析、気候監視、気候変動対策、季節予報、数値予報モデルの開発や評価、海況解析、温室効果ガス解析など、幅広い業務に活用されています。また、気候変動の影響評価等の気候変動対策や再生可能エネルギー立地条件調査等の商用利用など、様々な分野で活用されています。気象庁では、これらの利用を促進させるため、この長期再解析データの期間延長と品質向上を図った新しい長期再解析として、気象庁第３次長期再解析（JRA-3Q）を実施しました。

JRA-3Q では、これまで実施してきた気象庁 55 年長期再解析（JRA-55）と比べ、対象期間を 10 年以上遡って昭和 22 年（1947 年）９月から解析するとともに、品質も大幅に向上しました。これにより、過去約 75 年間の気温、風等の状況を均質かつ高品質な条件で把握することができるようになりました。昭和 22 年台風第９号（カスリーン台風）は関東地方を中心に大きな被害をもたらした事例ですが、利用可能な当時の観測データが少ないため JRA-55 では再現は困難でした。しかし、世界各国で近年実施された観測データの拡充（デジタル化）の成果を活用すること等によって、JRA-3Q では風や降水量の分布等を含め、当時の気象状況を再現できるようになりました。

気象庁では JRA-3Q を用いて、猛暑や大雨等の異常気象や気候変動の状況を従来よりも詳細に分析することで、気象･気候の情報の充実や予測精度の向上に活用していきます。また、JRA-3Q データは民間気象業務支援センターや文部科学省のデータ統合･解析システム（DIAS）等を通じて国内外に広く提供しており、長期間の均質なデータセットが不可欠な機械学習を含めて、気象・気候研究、気候変動対策や商用利用など、様々な分野での更なる活用が期待されます。

解析期間を 10 年以上遡ったことで再現可能になったカスリーン台風の事例

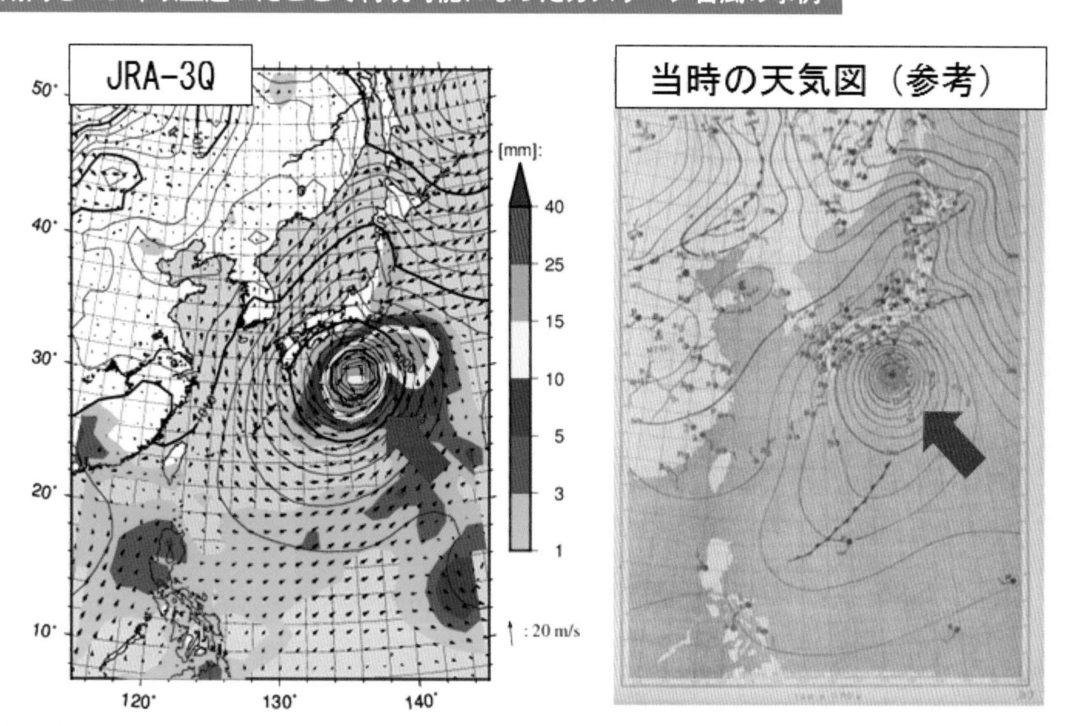

昭和 22 年（1947 年）９月 14 日 15 時（日本時間）における JRA-3Q と当時の天気図の比較。それぞれの図で、黒線は海面更正気圧 [hPa] の等圧線で、赤矢印は昭和 22 年（1947 年）台風第９号（カスリーン台風）を示している。左図の色は前６時間降水量 [mm]、黒矢印は風の強さ [m/s] と向きを表す。

(3) 持続的な地球温暖化監視のための地球環境観測網の構築

地球温暖化に影響を与える大気中の温室効果ガスは、人類の社会経済活動の影響により年々増加しています。このような地球環境の長期的な変化を捉えるためには、高精度な観測を世界的に長期継続する必要があります。

気象庁は、世界気象機関（WMO）の全球大気監視（GAW）計画や世界気候研究計画（WCRP）の枠組のもと日本国内で大気中の温室効果ガスの観測や精密な日射放射の観測を実施しているほか、北西太平洋域で海洋気象観測船によって温室効果ガス濃度や海洋酸性化等の状況を調査しています。

令和5年（2023年）度の大気中の温室効果ガスの観測装置及び日射放射観測装置の更新にあたっては、人工衛星による観測技術や数値モデルを用いた大気環境情報の解析技術の進展等を踏まえ、地球温暖化の継続的な監視のために、人間活動の影響を受けにくい日本最東端の離島である南鳥島における大気環境観測を中心とした地球環境観測網の構築を行いました。

地球環境（温室効果ガス、日射放射）観測網

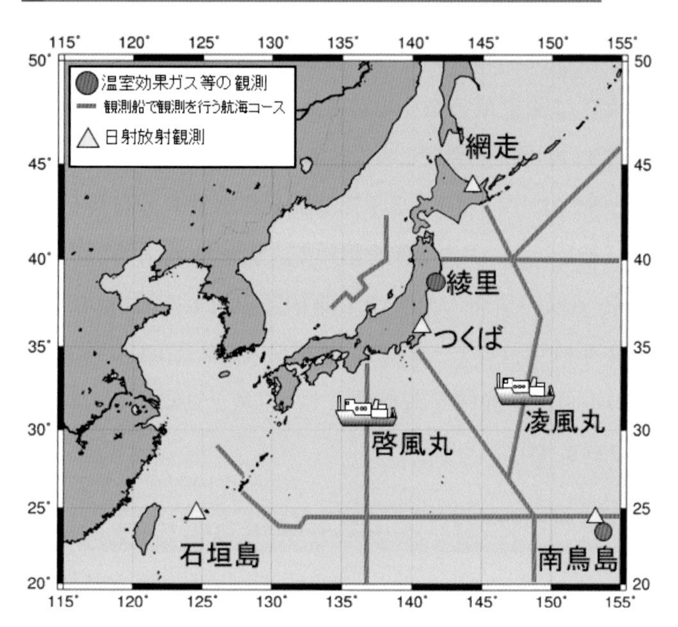

温室効果ガス観測については、WMO/GAW計画において全球観測所（令和6年（2024年）1月現在、世界で31地点）に指定されている南鳥島で、従来の二酸化炭素（CO_2）、メタン（CH_4）、一酸化炭素（CO）等に加えて、これまで綾里（岩手県大船渡市）でのみ観測を行っていた一酸化二窒素（N_2O）やフロン類を新たに観測できるように観測装置の整備を行い、北西太平洋域を代表する温室効果ガス観測データを総合的に取得する体制としました。綾里は昭和62年（1987年）にCO_2の観測を開始して以来、温室効果ガスの長期変化傾向を捉えるための重要な役割を果たしていることから、CO_2、CH_4の観測を継続することとしました。

温室効果ガス観測装置

精密日射放射観測装置

地表面に入射する放射エネルギー（直達日射、散乱日射、下向き赤外放射）を精密に観測する日射放射観測については、北緯20度帯にある石垣島、30度帯のつくば、40度帯の網走と、南北に長く伸びる日本列島を3つの緯度帯に分けたうえで、良好な観測環境を維持できる気象官署に配置することにしました。これに加えて、森林火災の煙や黄砂、人為起源のエーロゾルなどの影響を受けにくい南鳥島（北緯20度帯）を含めた国内4地点を新たな日射放射観測網としました。

気象庁は、地球温暖化対策の立案や、その実行に貢献するため、今後もこれらの観測を着実に継続し、信頼性の高い観測データを提供していきます。

コラム

●WMO 全球温室効果ガス監視計画について

大気中二酸化炭素の令和４年（2022 年）の世界平均濃度は 417.9ppm に達し、工業化以前（1750 年）の約 1.5 倍となりました（WMO 温室効果ガス年報第 19 号[1]）。気候変動に関する政府間パネル（IPCC）第６次評価報告書統合報告書の政策決定者向け要約では、「人間活動が主に温室効果ガスの排出を通して地球温暖化を引き起こしてきたことには疑う余地がない」と評価されています。平成 27 年（2015 年）の国連気候変動枠組条約第 21 回締約国会議で採択されたパリ協定では、すべての国が温室効果ガス排出の削減目標を提出・更新し、その実施状況を報告すること、５年ごとに世界全体の状況を把握する仕組みなどが定められ、地球温暖化対策は新たな段階に入っています。

温室効果ガスの観測はこれまで主に地上観測所、船舶により実施されてきましたが、近年日本の温室効果ガス観測技術衛星 GOSAT 等の人工衛星による温室効果ガス観測も進展しています。温室効果ガスに関する数値モデルも大きく発展してきました。しかしながら、これら観測・モデル等の温室効果ガス監視の取り組みの多くは個々の研究資金や研究プロジェクトに大きく依存しているのが実情です。

WMO は、これらの活動を国際的に調整し、データやプロダクトの交換・利用を推進する新たな世界規模の温室効果ガス監視の取り組みである「全球温室効果ガス監視（Global Greenhouse Gas Watch：GGGW）」計画を令和５年（2023 年）の第 19 回 WMO 総会において承認しました。GGGW 計画では、天気予報分野の WMO の経験と平成元年（1989 年）に設立された WMO 全球大気監視（Global Atmosphere Watch：GAW）計画等の温室効果ガスの監視と研究における長年の活動に基づき、地上観測所、船舶、航空機、人工衛星などのすべての観測システムと関連するモデリング・データ同化機能を統合した運用の枠組みを提供することを目指しています。この目標に向け、WMO の専門委員会、研究評議会だけでなく、全球気候観測システム（Global Climate Observing System; GCOS）、全球海洋観測システム（Global Ocean Observing System; GOOS）、地球観測衛星委員会（Committee on Earth Observation Satellite; CEOS）等の国際的なネットワークや機関から約 30 名の専門家が集まり実施計画が検討されています。

気象庁はこれまで南鳥島等の地上観測所、海洋気象観測船において温室効果ガスの観測を長期間実施してきました。また、気象庁は GAW 計画で国際的なセンター業務を担当しており、WMO 温室効果ガス世界資料センター（World Data Centre for Greenhouse Gases: WDCGG）、全球大気監視較正センター（World Calibration Centre: WCC）、品質保証科学センター（Quality Assurance/Science Activity Centre: QA/SAC）を運営し、観測品質を向上させ

GGGW 実施計画案の図を和訳

1　https://www.data.jma.go.jp/env/info/wdcgg/wdcgg_bulletin.html

る活動や、世界の温室効果ガス観測データの収集と提供を行ってきました。

GGGW 計画において、高品質な観測データを流通させる上でこれらの業務の重要性はますます高まるものと期待されます。また、温室効果ガスの観測や関連するモデル開発は日本では気象庁以外にも国立環境研究所や大学等でも長年実施されており、その成果は世界でも高く評価されています。GGGW 計画においてはこれら関係機関とも連携して取り組んでまいります。

(4) 気候変動に関する最近の研究成果 ～「全国 5km メッシュアンサンブル気候予測データ」を用いた極端降水の将来予測～

① 「全国 5km メッシュアンサンブル気候予測データ」の概要

地球温暖化が進行した将来、大雨等の極端な気象現象がどのように変化するかを調べるため、平成 28 年（2016 年）に「地球温暖化対策に資するアンサンブル気候予測データベース（d4PDF）」が公開されました。d4PDF は水平約 60km メッシュの全球版と日本域を対象とした 20km メッシュの領域版があり、過去（1950 年～ 2010 年）及び工業化前から 2 度・4 度上昇した気候下において数千年規模のデータを有します。しかし、領域版でもメッシュ間隔が 20km であり、狭い範囲に短時間に多量の雨をもたらす線状降水帯や、複雑な地形の影響を受けた大雨を再現することはできませんでした。そこで、日本全国を網羅し、d4PDF の過去･2 度上昇･4 度上昇のそれぞれ 720 年分のデータを、「**コラム（令和 5 年（2023 年）夏の猛暑と大雨のイベント・アトリビューション）**」と同様に地域気候モデルを用いて 5km メッシュに高解像度化し、線状降水帯を含む極端降水を評価可能なデータセット（全国 5km メッシュアンサンブル気候予測データ）を作成しました。

② 極端降雨と線状降水帯の将来予測

過去実験及び将来実験の結果から、全国を対象に 50 年に一度程度の大雨の降水量の変化を調べました。5km メッシュの過去実験において、50 年に一度程度の年最大 24 時間降水量は東海から九州にかけての太平洋側と南西諸島で多く、場所によっては 600 ミリを超えています。これはアメダスの観測データから求めた値と近い値です。一方、20km メッシュの実験ではアメダスの観測と比較して過小評価が見られました。5km メッシュによる 4 度上昇実験では全国的に増加し、特に東海や九州にかけての太平洋側と北日本で増加率が高く、40% を超える場所も見られました。

次に、令和 5 年夏の EA でも使用した線状降水帯抽出手法を用いて、過去気候（1950 年～ 2010 年）、2 度上昇気候、4 度上昇気候において線状降水帯を抽出し、年間発生数を比

50 年に 1 度程度の年最大 24 時間降水量の再現性と将来変化

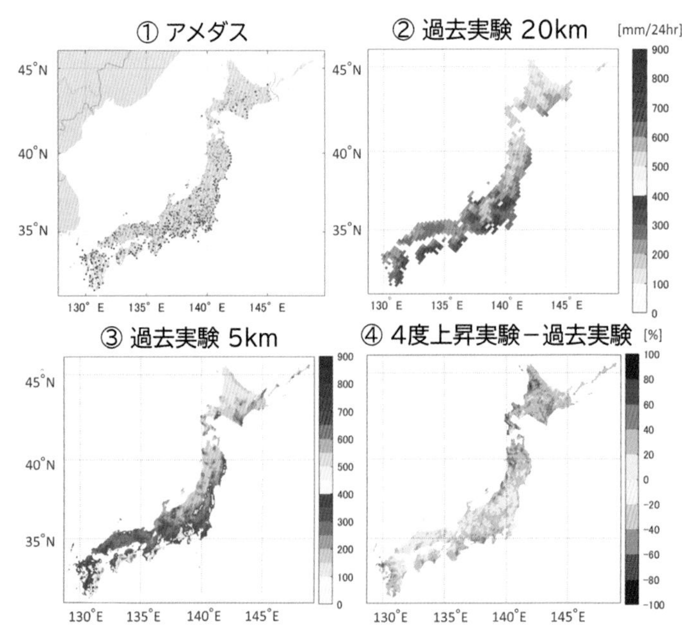

日本の陸上の再現期間 50 年（50 年に 1 度程度）の年最大 24 時間降水量（mm/24hr）。①アメダス、② 20km 計算、③ 5km 計算。④ 5km 計算における年最大 24 時間降水量の変化率。4 度上昇実験から過去実験を引き、過去実験で割ることで、変化率（%）として示しています。

較しました。線状降水帯は紀伊半島や四国の南東斜面、九州から南西諸島で発生頻度が高く、この傾向は気象庁の解析雨量を元に抽出した結果とも整合的でした。

日本全国で積算した１年あたりの線状降水帯の発生数の頻度分布を調べた結果、過去実験では年間15-25回に頻度のピークが見られますが、２度上昇実験ではピークが30-35回に増加し、さらに４度上昇実験では35-40回に増加しました。平均的な年間発生回数は、過去実験で23回、２度上昇実験で31回（過去実験のおよそ1.3倍）、４度上昇実験で38回（過去実験のおよそ1.6倍）になっています。４度上昇実験では多い年は年間60回を超える年もみられました。

４度上昇実験においては、関東から九州にかけての太平洋側で出現頻度が増加し、広範囲で10年あたり２回以上の線状降水帯が発生していました。また、過去実験では線状降水帯がほとんど抽出されなかった東北北部や北海道でも、４度上昇実験では少ないながらも抽出されました。

日本全国における線状降水帯の年間発生数の頻度分布

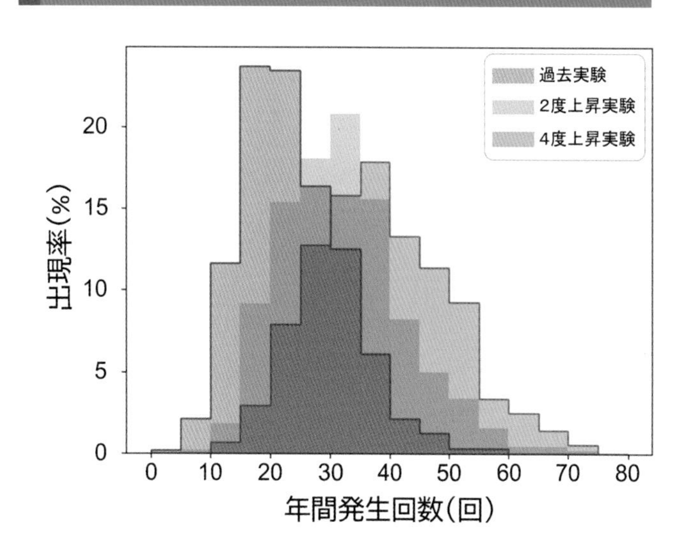

日本全国で積算した線状降水帯の年間発生数の頻度分布。縦軸が出現率（%）、横軸が年間発生回数（回）。青：過去実験、緑：２度上昇実験、赤：４度上昇実験。過去実験と４度上昇実験を太線で囲っている。

◆特集２◆
令和６年能登半島地震

令和６年(2024年)１月１日、地元へ帰省している方も多かったと思われる元日に、石川県能登地方を大規模な地震が襲いました。強い揺れを伴う地震が何度も発生し、家屋倒壊や土砂崩れが各地で発生したほか、沿岸各地に津波が襲来しました。この地震により死者 241 人、全壊家屋 8,027 棟など甚大な被害※1 が生じました。また、この地震は、国土地理院の観測により輪島市西部で最大４m 程度の地面の隆起が検出されるなど、陸域直下で発生した地震としては近年まれにみる大きな地震でした。

※1 令和６年３月５日 14 時 00 分現在、消防庁災害対策本部資料による。

震度分布

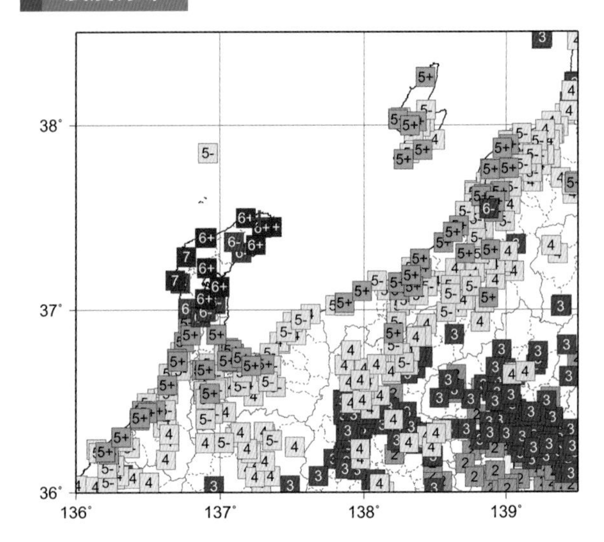

１月１日 16 時 10 分の地震の震度分布図

(1) 一連の地震活動

令和６年（2024 年）１月１日16 時 10 分、石川県能登地方の深さ 16km でマグニチュード(M) 7.6 の地震(最大震度７)が発生しました。この地震によって、石川県輪島市及び志賀町で震度７を観測するとともに、能登地方の広い範囲で震度６弱以上の非常に強い揺れとなったほか、北陸地方を中心に北海道から九州地方にかけて震度６弱から１の揺れを観測しました。また、石川県では長周期地震動階級４を観測したほか、北陸地方を中心に東北地方から中国・四国地方にかけて長周期地震動階級３から１を観測しました。

この地震に伴い津波も発生しました。沿岸域で発生した地震だったため、地震発生から短時間で津波が襲来するとともに、日本海という閉じた海域で津波が反射を繰り返し、長時間継続しました。津波の高さは、石川県金沢市や山形県酒田市※2 で 80cm を観測するなど、日本海沿岸を中心に北海道から九州地方にかけての広い範囲で津波を観測したほか、後日の現地調査により新潟県上越市で 5.8m（遡上高、速報値）などの津波の痕跡を確認しました。

地震活動

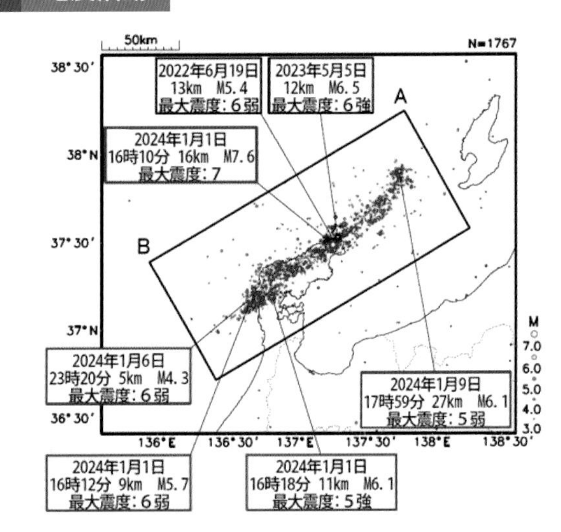

震央分布図（2020 年 12 月１日～ 2024 年２月 29 日 09 時 00 分、深さ０～ 30km、M3.0 以上）
2024 年１月１日以降の地震を赤く表示
吹き出しは、最大震度６弱以上の地震又は M6.0 以上の地震

※2 巨大津波観測計による観測のため、観測単位は 0.1m

石川県能登地方では、この地震の発生よりも前から、地震活動が活発になっていました。一連の活発な地震活動は令和２年（2020 年）12 月からみられており、令和５年（2023 年）５月５日には M6.5（最大震度６強）の地震が発生、以降、活動がさらに活発化している状況の中で、1月1日の地震が発生しています。地震の規模や顕著な被害を踏まえて、気象庁では地震活動の名称を「令和６年能登半島地震」と定めました。この名称は、令和６年（2024 年）１月１日に石川県能登地方で発生した M7.6 の地震のみならず、前述の

令和２年12月以降の一連の地震活動を指しています。

再び1月1日16時10分の地震に目を向けて、その地震の発生直前に着目すると、地震の震央周辺ではM7.6の地震の約４分前の16時06分にM5.5の地震（最大震度５強）が発生していました。また、M7.6の地震発生以降、1ヶ月の間に最大震度５弱以上の地震が17回発生するなど活発な地震活動が継続しました。地震活動の範囲は、令和５年12月までは能登半島北東部の概ね30km四方の範囲でしたが、1月1日の地震の直後から能登半島及びその北東側の海域にも広がり、北東－南西方向に150km程度もの範囲となっています。この地震活動の分布や地殻変動解析などから、1月1日のM7.6の地震の震源断層は、北東－南西方向に延びる150km程度の長大な長さを持ち、能登半島の陸域直下にも推定されています。また、能登半島沿岸部の活断層が活動したことが地震調査委員会により推定されています。

1月1日以降の地震活動は、過去に内陸及び沿岸で発生した主な地震の地震回数と比較しても非常に活発で、「平成16年（2004年）新潟県中越地震」や「平成28年（2016年）熊本地震」よりも多くなっています。

気象庁記者会見の様子

令和６年１月１日18時10分の記者会見

（2）緊急地震速報や津波警報等の発表

気象庁では、1月1日16時10分に発生したM7.6の地震において、直前（十数秒前）に発生した地震と合わせ、石川県能登地方に対して緊急地震速報（警報）を発表し、その後予測の更新に合わせてより広い範囲に対して緊急地震速報（警報）の続報を発表しました。また、令和6年1月の1か月間にこの地震を含む一連の地震活動のうち、20個の地震に対して緊急地震速報（警報）を発表しました。緊急地震速報の発表状況からも、いかに活発な地震活動であったかが分かります。

内陸及び沿岸で発生した主な地震の地震回数比較（M3.5以上）

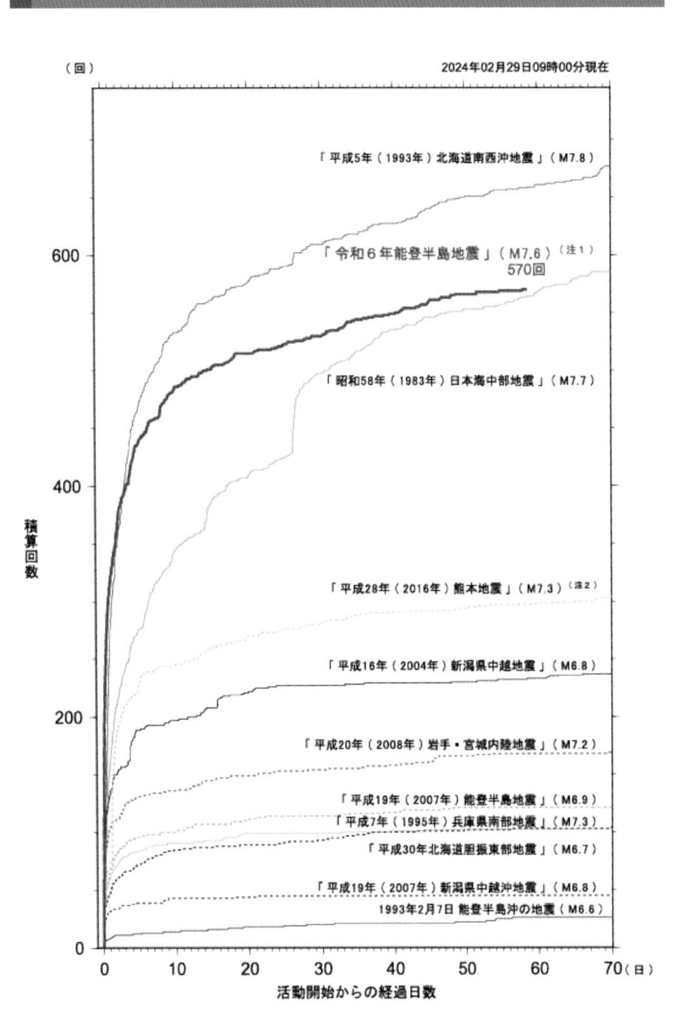

（注１）2024年１月１日16時10分に発生した地震（M7.6）を起点にカウント。
（注２）2016年４月14日21時26分に発生した地震（M6.5）を起点にカウント。

特集2

津波警報等の発表状況としては、1月1日16時10分の地震に伴い、16時12分に新潟県、富山県及び石川県に津波警報を、北海道日本海沿岸南部から山口県にかけての日本海沿岸に津波注意報を発表しました。その後、16時22分に石川県能登を大津波警報に切り替え、山形県、福井県及び兵庫県北部を津波警報に切り替え、北海道太平洋沿岸西部、北海道日本海沿岸北部及び九州地方の日本海沿岸に津波注意報を発表して、警戒を呼びかけました（2日10時00分に全て解除）。

また、1月1日の地震や津波に対し、複数回記者会見を開いて、津波からの避難や地震活動等について注意·警戒を呼びかけたほか、その後も定期的に報道発表を行い、地震活動の状況や今後の見通しについて解説しました。

(3) 現地調査

現地調査による津波の痕跡から推定した津波の高さ

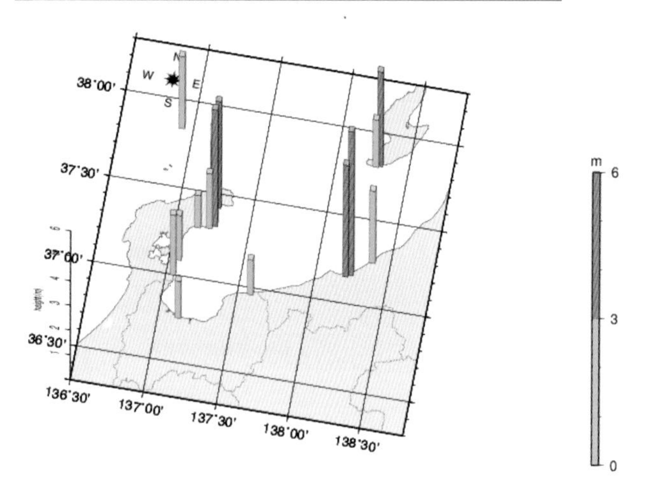

推定した津波の高さが３m以上の地点は赤色で、３m未満の地点は緑色で表示

現地調査の様子

（左）住宅の倒壊（輪島市河井町）、（右）津波の痕跡（能登町白丸）

震度5強以上を観測した地震では、震度観測点の観測環境が地震により異常となっていないかの点検や、震度観測点周辺での被害状況の調査を行うこととしています。このため、気象庁は気象庁機動調査班（JMA-MOT）を派遣し、最大震度7を観測した1月1日16時10分の地震発生以降、震度5強以上を観測した震度観測点(81地点）の設置状況の点検、及び震度観測点周辺（周囲約200m）での被害状況の調査を行いました。その結果、石川県内の震度観測点3地点（七尾市中島町中島、中能登町井田、羽咋市旭町）で観測環境に異常が認められたため、速やかに地震情報への活用を停止するとともに、1日16時10分以降に観測された震度を欠測としました。このように、活発な地震活動が継続する中でも、正確な震度の情報をお伝えできるように努めることも、気象庁の重要な業務です。なお、その他の78地点においては、震度計台や周囲の地盤等には震度観測に影響を与えるような異常は認められませんでした。

また、気象庁では、津波観測点付近や津波による顕著な被害があった地点において、津波の痕跡等から津波の高さを推定するための調査も実施しています。その結果、新潟県上越市船見公園では5.8m（遡上高、速報値）の津波による痕跡がみられるなど、津波による浸水の影響を確認しました。

(4) 臨時の津波観測装置の設置

臨時の津波観測装置の設置作業

珠洲市飯田に設置した機動型津波観測装置

今回の地震の影響により、能登半島北部に位置する「輪島港」（国土交通省港湾局所管）及び「珠洲市長橋」（気象庁所管）の両津波観測地点の観測データに欠測が生じました。気象庁は港湾局の協力のもと両津波観測地点に臨時の津波観測装置を設置することとし、「輪島港」については１月８日から、「珠洲市長橋」の代替の観測地点である「珠洲市飯田」については２月９日から、津波・潮位の観測・監視を再開しました。

また、政府の地震調査研究推進本部地震調査委員会における令和６年能登半島地震の評価（２月９日公表）において、令和２年12月以降の一連の地震活動は当分続くと考えられ、能登半島地震の震源域の活動域周辺での津波を伴う地震の発生の可能性があることが指摘されていることを受け、当該地域の津波観測体制を強化するため、「上越市直江津」及び「佐渡市小木」にも新たに臨時の津波観測装置を設置し、津波・潮位の観測・監視を３月27日から開始しました。

(5) JETT（気象庁防災対応支援チーム）の派遣

JETTとは、大規模な災害が発生または予想される場合に、都道府県や市町村の災害対策本部等へ気象庁職員を派遣する取り組みです。派遣された職員は、現場のニーズや各機関の活動状況を踏まえ、気象等のきめ細やかな解説を行い、各機関の防災対応を支援しています。

１月１日の地震でも、発災直後から石川県庁や能登半島の被災市町に気象庁職員をJETTとして派遣しました。派遣された職員は、石川県や能登半島の被災市町の災害対策本部で地震活動の状況や気象の見通し等の解説を行うほか、救命救助や復旧活動等を行う各機関から気象情報のニーズを聞き取り、その内容を踏まえた気象状況の解説を行うなど、各機関の防災対応を支援しました。

気象情報のニーズ把握

石川県消防防災航空隊へのヒアリング

被災自治体の職員へのヒアリング

地震活動状況や気象の見通しを解説

石川県災害対策本部員会議の様子

◆ トピックス ◆

I 地域防災支援の取り組み

近年自然災害が相次いで発生しており、地域における防災対応力の向上が重要となっています。このため全国各地の気象台では、「あなたの町の予報官」や、「気象防災ワークショップ」、首長訪問など地方公共団体や関係機関と一体となって災害に備えた平時の取り組みを進めるとともに、災害時においては地方公共団体や関係機関と速やかに危機感を共有し、その災害対応を支援するため、市町村長へのホットラインや、気象の見通しに応じた説明会、「JETT（気象庁防災対応支援チーム）」などの取り組みを進めています。さらには、地方公共団体と共同で災害時の対応について「振り返り」を実施しており、気象台及び地方公共団体双方の防災対応を検証することで、気象台が発表する防災気象情報や地方公共団体支援の更なる改善につなげています。

トピックスI－1 平時・災害時の地域防災支援の取り組み

（1）あなたの町の予報官

気象台では、地方公共団体の防災業務を支援するため、管轄する地域内を複数の市町村からなる地域に分け、その地域ごとに３名から５名程度の職員を専任チーム「あなたの町の予報官」として担当する体制を敷いています。

このチームは、担当する地方公共団体の地域防災計画や避難情報の判断・伝達マニュアルの改定に際して資料提供や助言等を行うほか、教育委員会や福祉部局等が実施する防災教育や要配慮者対策にも協力しています。

「あなたの町の予報官」とは

「あなたの町の予報官」

◆ 府県内を複数の市町村からなる「地域」に分け、その地域毎に3名程度の「担当チーム」を編成

◆ 担当チームの設置により、市町村に寄り添い、担当者同士の緊密な関係の構築が可能

こうした平時における取り組みを通じて、地方公共団体と気象台の担当者同士で緊密な「顔の見える関係」を構築し、緊急時には、この構築した関係性を活かし、地方公共団体の防災担当者のニーズに合わせた説得力のある適時・的確な助言を行っています。

（2）気象防災ワークショップ

「気象防災ワークショップ」とは、時々刻々と変化する気象状況に応じて発表される防災気象情報を踏まえ、避難情報の発令など地方公共団体が講じるべき防災対応を模擬体験するものであり、ワークショップを通じて、防災気象情報を適切に理解するとともに、体制の強化や避難情報の発令の判断のポイントを学ぶことができます。全国各地の気象台では、地方公共団体を対象に「気象防災ワークショップ」を積極的に開催しており、令和５年度（2023年度）は、延べ1,005市町村に参加していただきました。このほか、指定公共機関や教育機関、自主防災組織等を対象としたワークショップも開催しています。例えば、日本郵便株式会社と共同で開催したワークショップにおいては、洪水や津波が襲来する場面を設定し、時々刻々と変化する状況下で、同社の防災担当職員が顧客の安全確保や業務継続の判断などを模擬体験する場を設けました。

「気象防災ワークショップ」の様子

福井県内の地方公共団体の職員を対象とした気象防災ワークショップの様子

令和６年度も引き続き、防災気象情報の理解と利用の促進につながるよう、各地でワークショップを開催していきます。

(3) ホットライン、JETT（気象庁防災対応支援チーム）

災害の発生が予想されるような顕著な現象の場合は、気象台が持つ危機感を気象台長から直接市町村長へ電話で伝え、避難情報に関する助言等を行うホットラインを実施しています。さらに災害時には、気象台から地方公共団体の災害対策本部等へ JETT を派遣し、災害対応現場のニーズを踏まえた気象状況のきめ細かな解説等を行っています。JETT の創設以降、令和６年（2024 年）３月末までに延べ 7,400 名を超える職員を派遣しました。地方公共団体からの JETT 派遣への期待が高まっていることから、令和４年度（2022 年度）以降、迅速な JETT 派遣を可能とするための気象台の体制強化も図っています。そのほか、気象の見通しの推移に応じて、オンライン会議システムで説明会等を開催するなど、状況に合わせた様々な手段で地方公共団体や関係機関に警戒を呼びかけています。

トピックスⅠ－２　気象防災アドバイザーの拡充

気象庁では、地方公共団体の防災業務を支援し、地域防災力の強化に貢献する一環として、「気象防災アドバイザー」の拡充と地方公共団体における活用の促進に取り組んでいます。気象防災アドバイザーとは、気象庁退職者や所定の研修を修了した気象予報士に国土交通大臣が委嘱する気象と防災のスペシャリストとして、地方公共団体に任用され、防災気象情報の読み解きや、それに基づく市町村長に対する避難情報発令の進言、地域住民や市町村職員を対象とした防災出前講座を行っています。令和６年（2024 年）４月時点で 272 名に委嘱していますが、令和５年度（2023 年度）には、40 団体において 41 名の「気象防災アドバイザー」が活躍されました。

また、「気象防災アドバイザー」の一層の拡充に向け、気象庁では令和４年度（2022 年度）から気象予報士を対象とした「気象防災アドバイザー育成研修」を実施しています。

近年、急激な河川増水や土石流といった状況の急変を伴う災害で犠牲者が出ていることが課題となっており、被災した地方公共団体の職員や住民からは「危険な兆候を目で見て確認するまで避難の判断ができなかった」「これほど急激に災害が発生するとは到底予想できなかった」といった声が聴かれます。このように地方公共団体の防災の現場では、状況の急変を見越して避難情報発令の迅速な判断を下すことが必要とされています。この必要性に応えられるよう「気象防災アドバイザー育成研修」では、内閣府の「避難情報に関するガイドライン」に基づく避難情報発令の判断方法を習得する訓練等を通じて、地方公共団体の職員として、限られた時間の中で予報の解説から避難の判断までを一貫して扱うことのできる即戦力となる人材を育成しています。

気象防災アドバイザーリーフレット

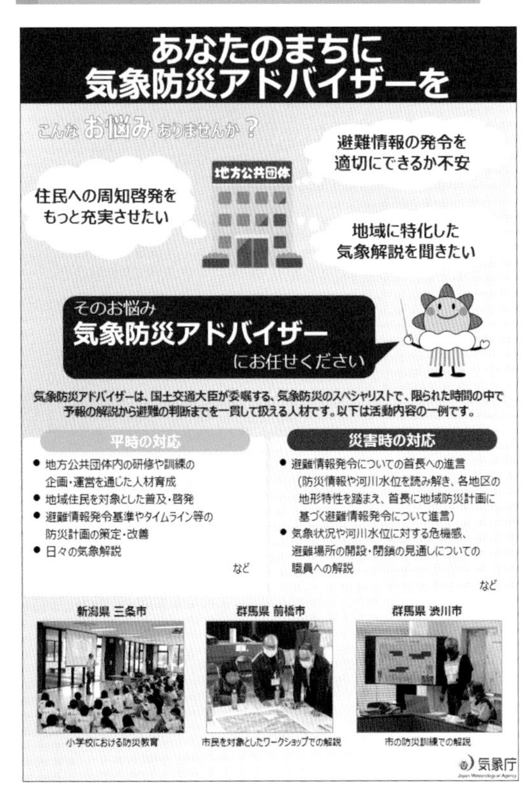

広報用リーフレット
「あなたのまちに気象防災アドバイザーを！」

このような人材を育成するため、令和5年度の同研修を実施するにあたり「ガイドラインに基づく避難情報発令の判断」「地形から災害リスクを読み取る方法」「想定を超えて降り続く線状降水帯の恐ろしさ」「大河川からの背水による支川氾濫」に関する知識・技能・姿勢の習得を大きな柱としたカリキュラムを組み立てました。

特に、避難情報発令の判断については、地方公共団体の現場で何度も避難情報発令を主導した経験を持つ講師の指導のもと、過去の災害事例を模擬体験できる訓練を計13回実施しました。さらに、実際に首長の判断を補佐した経歴を持つ講師の監修と実演により、首長への説明を再現したロールプレイ形式の演習を実施しました。また、河川管理者によるバックウォーター現象※に関する講義をはじめ、災害や避難に関する全38講座を開講しました。これらの訓練や講座で習得した内容を地方公共団体職員として適切に情報発信できるよう、受講生自身が講師役となって、気象台職員を住民等に見立てた模擬ワークショップを開催しました。

※河川や用水路などの開水路において、下流側の水位高低の変化が上流側の水位に影響を及ぼす現象のこと。背水（はいすい）ともいう。

「気象防災アドバイザー育成研修」習得する知識・技能・姿勢

避難について平時の備え、緊急時の判断・発信
地形
情報
発信
避難
災害メカニズム
平時の備え

地形
危険な地質の見つけ方
低地から浸水想定区域を読み取る
谷筋から土石流地形を読み取る
危険な谷底平野の確認方法
重ねるハザードマップの活用
山地・台地・低地の成り立ち

情報
大河川の指数から支川氾濫の兆候をつかむ
線状降水帯発生時の降水予報の罠
土砂キキクルと実況雨量の深追いの危うさ
大河川の基準水位をリードタイムから理解する
中小河川の洪水で直面する5つの課題
高潮災害で警戒すべき5つの観点

発信
説得力を伴った首長への進言
線状降水帯に関する防災解説
地形と災害に関する防災解説
大河川の支川氾濫に関する防災解説
過去災害を用いた本部会議での説明
メディアとの連携による効果的な発信

避難
土砂災害のハザードマップでは見えない危険
中小河川の急増水と氾濫流から命を守る
大河川の支川氾濫からの避難
予測に反して降り続く線状降水帯の恐ろしさ
高潮による潮位の急上昇と避難を阻む暴風
地震・津波・火山の被害の規模感をつかむ

災害メカニズム
土石流を発生させる大雨パターン
大河川の増水・氾濫を解き明かす流域視点
中小河川の急増水と氾濫流による河岸侵食
大河川からの背水による支川氾濫
高潮時の潮位の急上昇と暴風
地震波・津波の発生・伝播・増幅・共振

平時の備え
緊迫感の伝わる情報伝達の準備
マイ避難カードの作成
多様な伝達手段の確保
防災対応の経験者や退職者の知見の活用
タイムラインを活用した住民避難
高頻度の中規模災害の盲点

コラム

●気象防災ワークショップを活用した日本郵便における危機管理体制の充実

日本郵便株式会社　総務室　課長

若松　忠秀

全国の郵便局を店舗にもつ弊社では、自然災害時に「人命最優先」の対応をとりつつ、社会インフラとして業務継続を行うことで社会の期待に応えていきたいと考えています。

近年、災害が頻発化しており、本社と支社（北海道から沖縄まで13エリアに分けて管轄）の危機管理担当が、司令塔としての役割発揮を求められています。しかしながら、発災時対応の経験頻度により対応力に差があり、不安を抱える現状がありました。

そこで、令和5年度から、気象庁様の全面協力を得て、風水害や津波を想定したワークショップを開催。キキクルや大津波警報といった防災気象情報を利用した、お客さま・社員の安全をどう確保するかについ

てのグループ討議を行い、解説を加えていただきました。参加者からは「専門的な話を直接聞く機会となり、防災知識が深まった」と満足度の高い意見が多く、弊社にとって大きな一歩となりました。

「伝えて終わりではなく、伝わるまでやる。」

気象庁様の情熱を感じるワークショップを強く推薦したいと思います。

ワークショップの様子

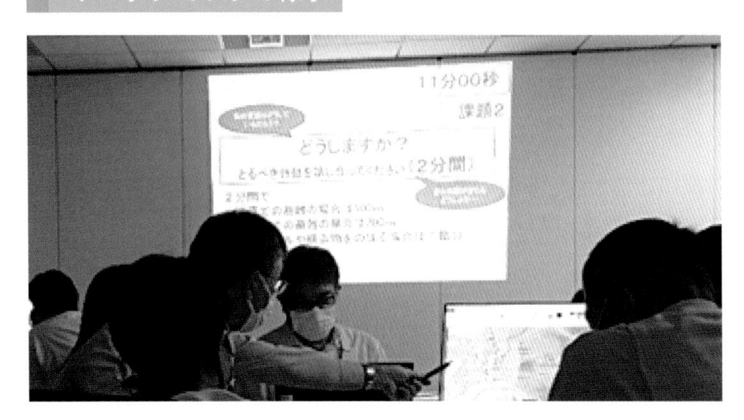

コラム

●市町村での気象防災アドバイザーの必要性（気象防災アドバイザー育成研修）

新潟県直江津港湾事務所長（気象防災アドバイザー育成研修「大河川と中小河川の違いと留意点」「総合的な被害抑止施策の実施（水害）」「災害コミュニケーション～適切な話し方・適切な資料のつくり方～」講師）
長尾　聡

過去の大規模水害時に実際の現場で起きた事象をベースに、その教訓やポイントをお伝えすべく、本研修の設立時から講師を務めている新潟県の長尾と申します。担当講座の1つの「大河川と中小河川の違いと留意点」では、大河川は上流の水位変化などを踏まえて発表される洪水予報とタイムラインに沿った着実な対応が必要なこと。一方、地方公共団体が管理する中小河川では、降雨から水害が発生するまでの時間が短く、河川の「急激な水位上昇」への対応が課題となっていること。さらに、合流先の大河川からのバックウォーターにも注意が必要なことなどを解説しました。

水害による被害を防止・軽減するためには「気象（どんな雨が降るのか）」、「河川砂防（どんな事象が起こるのか）」、「防災（どう対応・避難すべきか）」に関する一連の体系的な知識と情報分析能力を有した人材が必要となります。本研修を受講した気象防災アドバイザーは、最新の把握手法を活用し、多数の災害事例を通じて訓練し習得しています。住民の命を守るべく、今後の気象防災アドバイザーの活躍に期待するとともに、「気象防災アドバイザーは災害時の刻々と変わる情報を素早く読み解いて、避難情報発令等も市町村長に進言することができる、他では代えがたい有為な人材」であるということを関係者の皆様には是非ともご認識いただき、活躍の場も益々増えていくことを期待しています。

Ⅱ 線状降水帯による大雨災害の防止・軽減に向けて

線状降水帯は、次々と発生した積乱雲により、線状の強い降水域が数時間にわたりほぼ同じ場所に停滞することで、大雨をもたらします。令和5年（2023年）は、6月初めの西日本から東日本の太平洋側での大雨、6月末以降の梅雨前線による大雨、8月の台風第6号と第7号、9月の台風第13号による大雨等に伴い線状降水帯が発生しており、各地で被害が発生しました。線状降水帯は、現状の観測・予測技術では正確な予測が困難なため、気象庁では線状降水帯を引き起こす水蒸気等の観測を強化するとともに、強化した気象庁スーパーコンピュータや「富岳」を活用した予測技術の開発等を進め、防災気象情報の改善を段階的に実施しています。

線状降水帯の予測精度向上に向けた取り組み

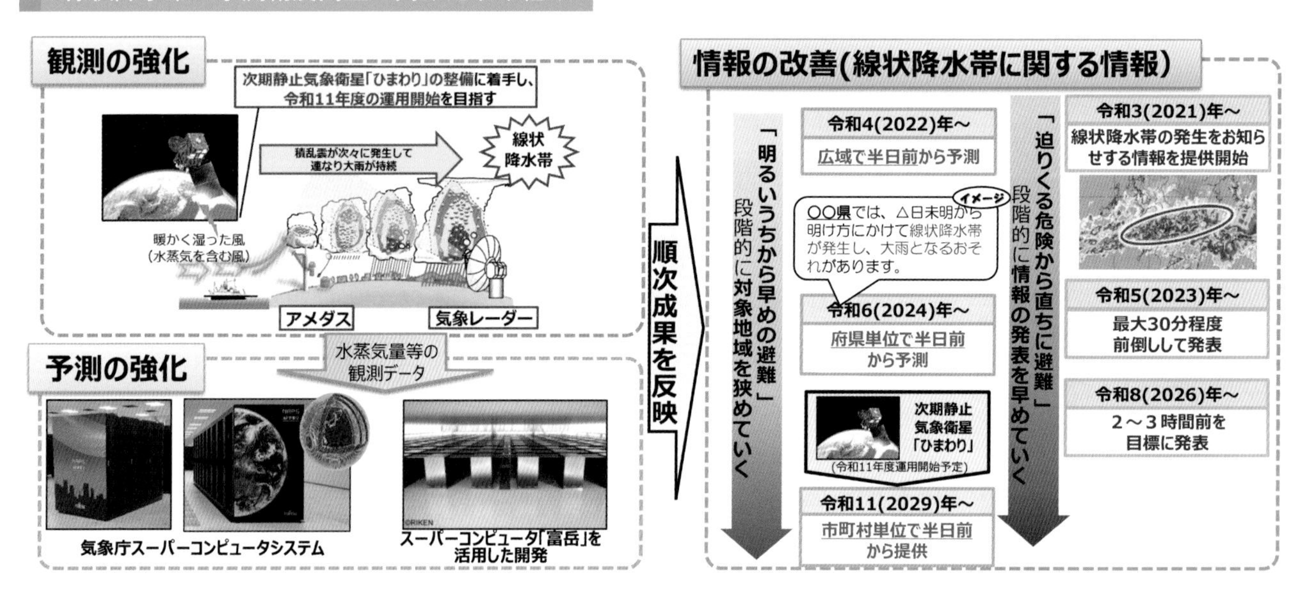

トピックスⅡ－1　観測の強化

線状降水帯の発生をいち早く捉え、また予測精度を向上するには、大気の状態を正確に把握することが重要です。そのために気象庁では、水蒸気等の観測の強化に取り組んでいます。

（1）気象庁気象ドップラーレーダーの二重偏波化による解析雨量等の精度改善

線状降水帯発生の監視には、正確な雨量、積乱雲の発達過程等の把握が重要です。気象庁では、全国の気象ドップラーレーダーを順次二重偏波化することで実況監視能力を強化し、防災気象情報の改善等に役立てています。従来の気象ドップラーレーダーは、反射する電波の強さから降水強度を得ていますが、二重偏波気象ドップラーレーダーでは、水平・垂直の2種類の偏波を送受信し、それらの違いを利用して降水強度をより正確に把握できます。気象庁で令和4年度（2022年度）までに二重偏波化した10サイト（釧路、仙台、東京、名古屋、福井、大阪、広島、福岡、種子島、室戸岬）について、二重偏波情報を利用して、令和5年（2023年）5月に速報版解析雨量の改善を、令和5年10月に速報版降水短時間予報の改善を行いましたので、紹介します。

解析雨量とは、レーダーから得られる雨量と地上雨量計のデータから1時間に降った降水量の分布を解析したもので、速報性を重視する速報版解析雨量では、最後の10分間の雨量を解析時刻の10分前までの観測値で補正しています。二重偏波情報を利用することで、強雨域の降水強度が高精度に推定できることから、強雨域ではこの情報を利用することで10分前までの観測値による補正を不要とする技術を開発しました。この手法を東京レーダーについては令和4年（2022年）3月に、東京以外の9サイトについては令和5年5月に導入することで速報版解析雨量の精度を広範囲で改善しました。また、降水短時間予報でも、速報版解析雨量と同様の手法を初期値作成に用いて予報精度が改善することを確認し、令和5年10月から二重偏波情報を採り入れた予測値の提供を開始しています。

図は、速報版降水短時間予報の予測改善例（1時間先の予測）です。二重偏波情報を利用していない予測（中図）では、解析雨量（右図）に比べて白線に囲まれた付近の降水域を弱く予測していましたが、二重偏波情報を利用した予測（左図）では、より解析雨量（右図）に近い分布になっていることが分かります。令和5年度に二重偏波化したサイト及び今後二重偏波化されるサイトについても、精度の向上が確認でき次第この手法を導入していく予定です。

速報版降水短時間予報の二重偏波情報利用による予測改善例

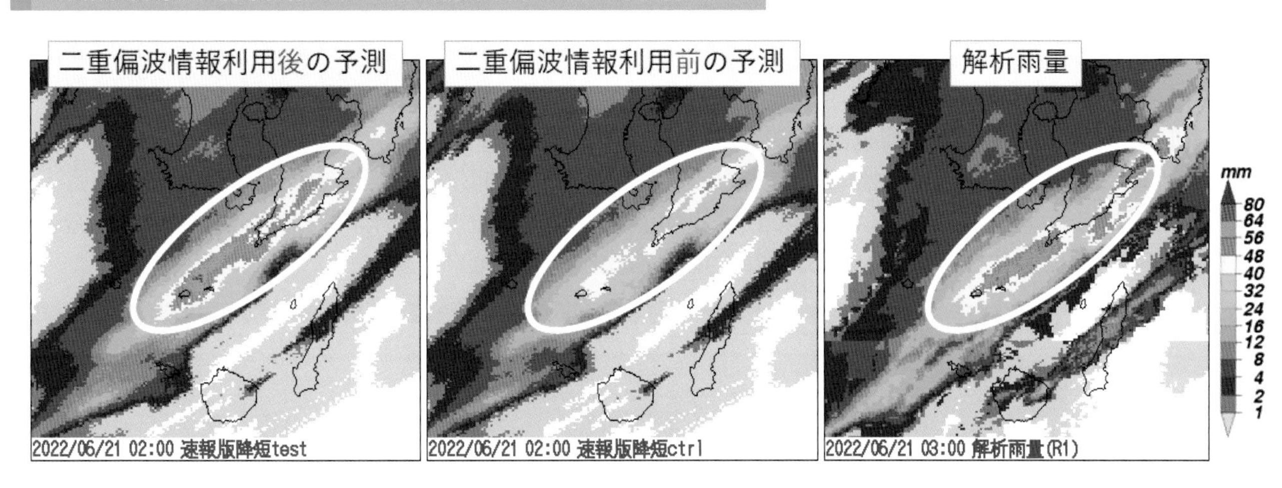

左図：二重偏波情報利用後の雨量予測（1時間先の1時間雨量予測）、中図：利用前の雨量予測、右図：同時刻の解析雨量
6月21日2時を初期値として予測した1時間先の1時間雨量について、二重偏波情報利用前後での比較。白線に囲まれた強雨域に着目すると、二重偏波情報を利用していない予測（中図）では実際の雨量分布を表す解析雨量（右図）に比べて降水強度が弱く、二重偏波情報を利用した予測（左図）では解析雨量により近くなっています。

（2）海上における水蒸気観測

線状降水帯の予測には特に海上からの水蒸気の流入を正確に把握することが重要です。その水蒸気流入を監視するため、令和3年(2021年）に、気象庁が所有する海洋気象観測船(凌風丸･啓風丸）と海上保安庁測量船4隻により、GPS等の全球測位衛星システム(GNSS）を用いた海上における水蒸気観測を開始し、令和5年までに民間企業の貨物船・フェリー10隻を加え、計16隻による観測網を構築しました。

令和6年（2024年）3月に竣工した新しい凌風丸では、引き続き啓風丸とともに、線状降水帯の予測精度の向上に寄与するため、水蒸気流入が想定される海域での機動的なGNSS観測・高層気象観測を実施します。

船舶による海上水蒸気観測網

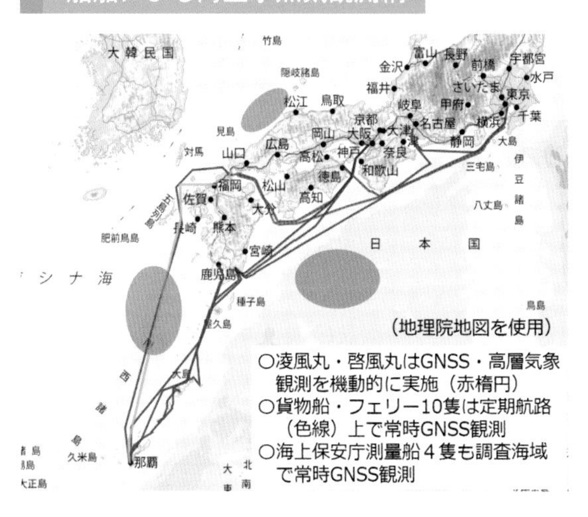

コラム

●凌風丸Ⅳ世の竣工

凌風丸Ⅳ世

気象庁では、凌風丸と啓風丸の２隻の海洋気象観測船により、線状降水帯の予測精度向上のための海上における機動的な水蒸気等の観測、地球温暖化の監視・予測のための海洋中の二酸化炭素量の把握、及び海洋の長期的な変動と気候変動との関係の調査等を目的として、我が国周辺海域や北西太平洋海域において、海上気象観測及び海洋観測を実施しています。

平成７年（1995年）以来運用されてきた凌風丸Ⅲ世の老朽化に伴い、新たな観測船が建造され、令和６年（2024年）３月に竣工しました。凌風丸は昭和12年（1937年）竣工の初代から数えて４代目となります。

新しい凌風丸は、先代の凌風丸と比べて、観測設備の充実や操船性能の向上、生活環境の改善に加え、窒素酸化物（NOx）規制に対応した装置やバラスト水処理装置などの最新の環境対応設備も備えています。気候変動の長期的な監視及び洋上における気象の観測において、啓風丸とともに、引き続き大きな役割を担うことが期待されています。

コラム

●線状降水帯等の予測精度向上に向けた「ひまわり10号」の整備

「ひまわり10号」完成予想図

気象庁では、現在、日本の上空から気象観測を行う衛星として静止気象衛星「ひまわり８号」及び「ひまわり９号」を運用しています。これらの衛星に搭載している観測機器は令和11年度（2029年度）までに設計上の寿命を迎えます。このため、令和５年より次期静止気象衛星「ひまわり10号」の整備に着手しました。

「ひまわり10号」では、「ハイパースペクトル赤外サウンダ」を新たに搭載します。これは、大気中の水蒸気等を３次元的に観測するものであり、これにより台風や線状降水帯などの顕著な現象を始めとする気象現象の予測精度が飛躍的に向上することが見込まれます。従来から活用している雲や海面水温等を２次元に観測する「イメージャ」についても、観測精度の向上、観測画像の種類の増加（16種類から18種類に増加）等、現行衛星と比べて更なる機能向上を予定しています。そのほかにも、総務省及び国立研究開発法人情報通信研究機構（NICT）との連携のもと、宇宙環境センサを「ひまわり10号」に搭載することで、太陽活動に伴う自然現象の現況把握及び予測（宇宙天気予報）の精度向上が期待されます。

気象庁では、「静止気象衛星に関する懇談会」において、有識者の方々に今後の気象衛星の整備・運用のあり方についてご議論をいただき、令和５年（2023年）７月には、線状降水帯等の激甚化する気象現象から国民の生命・財産を守るために、赤外サウンダを搭載するひまわり10号の整備を着実に進めること等について提言いただきました。気象庁は、この「とりまとめ」を受けて、令和11年度の運用開始に向けて着実に整備を進めていきます。

トピックスⅡ－2 予測の強化

気象庁では、防災気象情報の発表や気候変動等の監視・予測のために、スーパーコンピュータ上で数値予報モデルによる気象予測の計算を行っています。線状降水帯の予測精度の向上に向けて、数値予報の技術開発を推進するなど予測の強化に取り組んでいます。

(1) 新しいスーパーコンピュータシステムの運用開始

予測精度向上に必要となる、より詳細な計算を行うため、令和6年(2024年)3月に新しいスーパーコンピュータシステム(以下「新システム」という。)へ更新しました。新システムは、更新前の約2倍の計算能力を有し、令和5年3月に導入した線状降水帯予測スーパーコンピュータの運用と合わせて、更新前の約4倍の計算能力になります。

新システムの運用開始にあわせて、局地モデル(水平解像度2km)の予測時間をこれまでの10時間から最大18時間に延長する改善を行いました。これまで線状降水帯による大雨の半日程度前からの呼びかけには水平解像度5kmのメソモデルが主に用いられてきましたが、線状降水帯を構成する積乱雲をより詳細に表現できる局地モデルの予測結果も、線状降水帯の半日程度前からの呼びかけに利用することが可能となりました。

気象庁のスーパーコンピュータ

上：新しいスーパーコンピュータシステム
下：線状降水帯予測スーパーコンピュータ

今後は、新システムと線状降水帯予測スーパーコンピュータを活用し、令和7年度末(2025年度末)には局地モデルの水平解像度を2kmから1kmに高解像度化して予測精度の向上を図るとともに、強雨域の確率予測を可能とする局地アンサンブル予報システムを新たに運用開始するなど、数値予報モデルの改良及び観測データの高度利用に向けた技術開発を引き続き推進し、線状降水帯の予測精度向上を図っていく計画です。

局地モデルの延長による予測改善イメージ

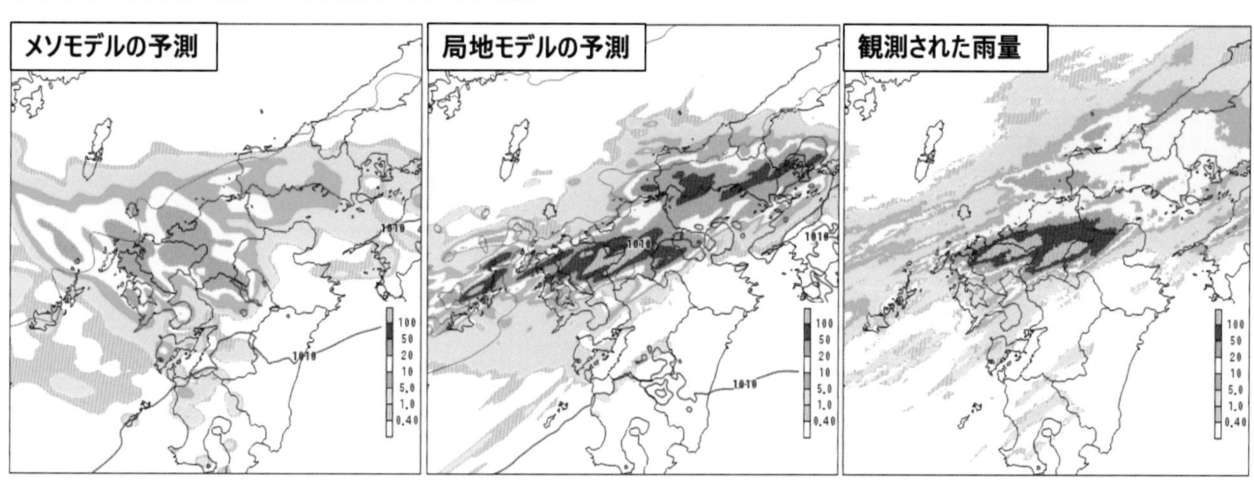

令和5年7月9日15時の初期値における15時間先の前3時間降水量での予測。局地モデルでは7月10日6時に発生した線状降水帯に近い強さの降水を半日前から予測できています。

(2)「富岳」を活用した新たな学官連携の取り組みとリアルタイムシミュレーション実験

気象庁では、線状降水帯の予測精度向上に向けた数値予報モデルの技術開発を加速化するため、文部科学省・理化学研究所の協力の下、スーパーコンピュータ「富岳」を活用し、数値予報モデルの高解像度化や数値予報における観測データの利用手法高度化等の技術開発を進めています。

大学や研究機関が有する先端的な知見を活用して、観測データ利用手法高度化の開発を加速化させるため、令和4年(2022年)に観測データの利用に必要なプログラムを「富岳」でも利用できるよう実験システムを構築しました。令和5年には、この実験システムを活用した新たな学官連携の取り組みとして、気象庁が整備した二重偏波気象ドップラーレーダーや静止気象衛星ひまわりの観測データの高度利用をテーマとした共同研究提案を広く募集しました。外部有識者を含む選定委員会による選定を経て、「富岳」を活用した3件の共同研究を大学や研究機関と実施しています。

また、水平解像度を2kmから1kmに高解像度化した局地モデルを令和7年度末(2025年度末)に運用開始するための開発の一環として、開発中の水平解像度1kmの局地モデルのリアルタイムシミュレーション実験を令和4年より実施しています。令和5年には6月8日から10月31日までの期間、予測領域を日本全域に拡張(令和4年は西日本領域で実施)してリアルタイムシミュレーション実験を実施しました。局地モデルの水平解像度を高解像度化することにより、強い降水を過大に予測する傾向は残るものの、観測された降水量により近くなることが分かりました。

さらに、「富岳」では数値モデルの予測計算を高速化するための技術開発も進めています。ここで得られた知見を「富岳」と同型の機種である線状降水帯予測スーパーコンピュータにも適用することで、令和5年度末(2023年度末)に局地モデルの予測時間を10時間から18時間に延長することが出来ました。

リアルタイムシミュレーション実験での長崎県で線状降水帯が発生した事例

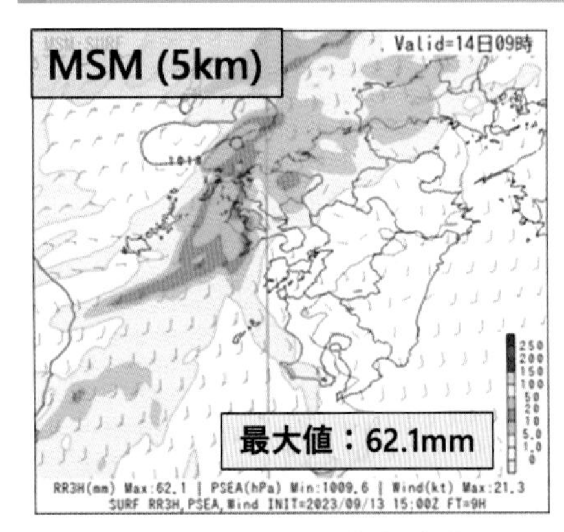

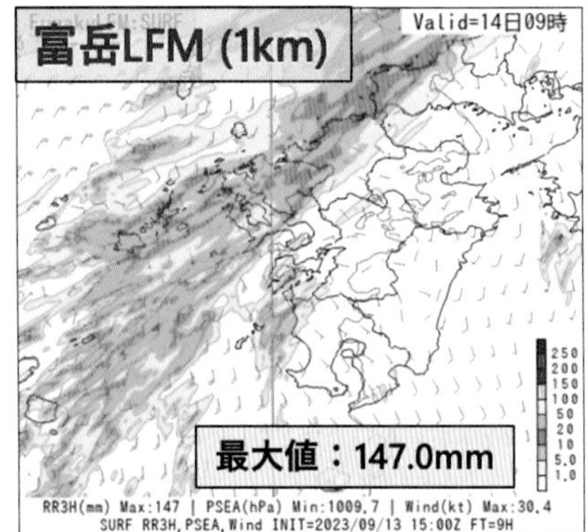

左図：MSMによる雨量予測、中図：富岳LFMによる雨量予測、右図：同時刻の解析雨量。
2023年9月14日9時の前3時間積算雨量(予測は初期時刻から9時間後)。長崎県の線状降水帯(赤色円)の降水域について、富岳LFM(中図)の予測降水量は、MSM(左図)に比べて概ね実況(右図)に近くなっています。

トピックスⅡ－３ 情報の改善

気象庁では、「明るいうちから早めの避難」を促すために半日前から線状降水帯による大雨となる可能性を伝える情報と、「迫りくる危険から直ちに避難」を促すために線状降水帯の発生をお知らせする情報を提供しています。線状降水帯による被害軽減のため、これらの情報を段階的に改善しています。

(1) 線状降水帯による大雨の半日程度前からの呼びかけ

令和４年（2022年）６月から開始した、半日前から線状降水帯等による大雨となる可能性を伝える情報では、線状降水帯が発生して大雨災害発生の危険度が急激に高まる可能性がある程度高いことが予測できた場合に、半日程度前からその旨を呼びかけています。これまでは全国11の地方単位で広く呼びかけていたところ、予測時間を延長した局地モデルやメソアンサンブル予報を用いた危険度分布（キキクル）も活用し令和６年５月からは対象地域を狭め、府県単位を基本に絞り込んで呼びかける運用を開始しました。

この呼びかけは、大雨に対する心構えを一段高めていただくことを目的としています。この呼びかけだけで避難行動を判断するのではなく、大雨による災害のおそれがあるときは気象情報や早期注意情報、災害発生の危険が迫っているときは大雨警報やキキクル等、気象台から段階的に提供する防災気象情報や、市町村が発令する避難情報と併せて活用いただくことが重要です。

令和６年から開始する府県単位での呼びかけ

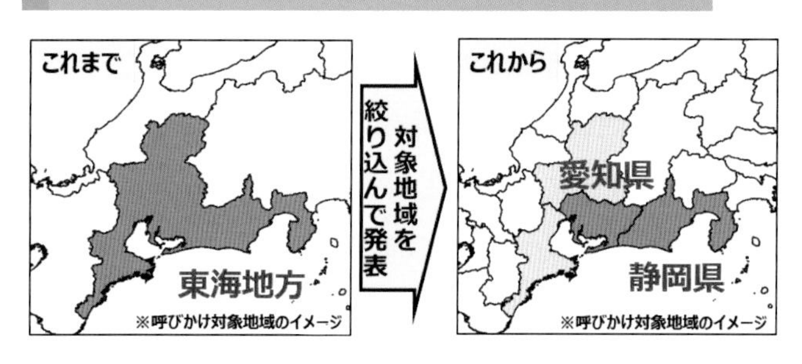

令和11年（2029年）には市町村単位で危険度の把握が可能な危険度分布形式の情報の提供を目指しており、夜間に線状降水帯による大雨の可能性が予想された場合などに、明るいうちから早めの避難につなげられるよう、引き続き予測精度の向上に取り組みます。

(2)「顕著な大雨に関する気象情報」のより早い段階での発表

気象庁では、令和５年（2023年）５月から、線状降水帯の発生をお知らせする「顕著な大雨に関する気象情報」をより早い段階から提供する運用を開始しました。この情報は、大雨による災害発生の危険度が急激に高まっている中で、線状の降水帯により非常に激しい雨が同じ場所で降り続いている状況を「線状降水帯」というキーワードを使って解説する情報で、令和３年６月より運用しています。これまで発表基準を実況で満たしたときに発表していたところ、線状降水帯による大雨の危機感を少しでも早く伝えるため、予測技術を活用し、最大で30分程度前倒しして発表しています。同時に、雨雲画像に重ね合わせ表示される線状降水帯の雨域を示す楕円についても表示します。

雨量予測を用いた線状降水帯の雨域の気象庁ホームページでの表示例

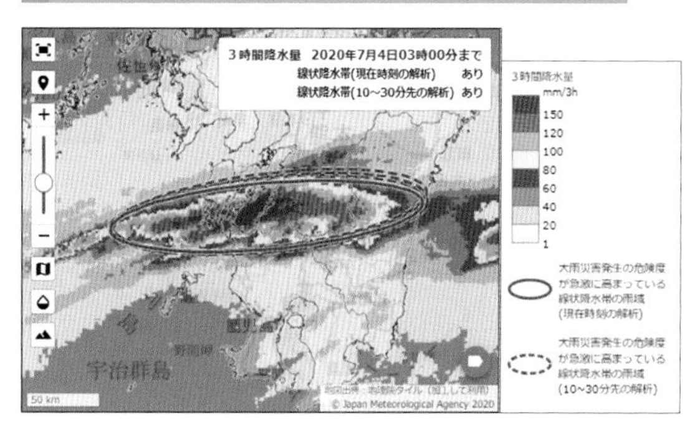

新たな運用開始以降、多くの事例で実際に前倒しして情報を発表し、危険な状態であることをより早くお知らせすることができています。さらに、令和８年（2026年）には２から３時間程度早く情報を提供することを目指しています。

この情報が発表されるときには、既に大雨が降っており、今後さらに大雨が降って災害発生の危険度が急激に高まるおそれがありますので、市町村が発令する避難情報等と併せて、適切な対応をとっていただくことが重要です。

Ⅲ 地震・津波・火山に関するきめ細かな情報の提供

トピックスⅢ－１ 巨大地震対策

（1）南海トラフ地震とは

南海トラフ地震は、駿河湾から日向灘沖までの南海トラフ沿いのプレート境界で概ね100から150年間隔で繰り返し発生してきた大規模地震です。過去の事例では、想定震源域のほぼ全域で同時に地震が発生したことがあるほか、東側半分の領域で大規模地震が発生し、時間差をもって残り半分の領域でも大規模地震が発生したこともあります。前回の南海トラフ地震は、昭和19年（1944年）に起きた昭和東南海地震と昭和21年（1946年）に起きた昭和南海地震で、この2つの地震は約2年の時間差をもって発生しました。

南海トラフ地震　歴史と特徴

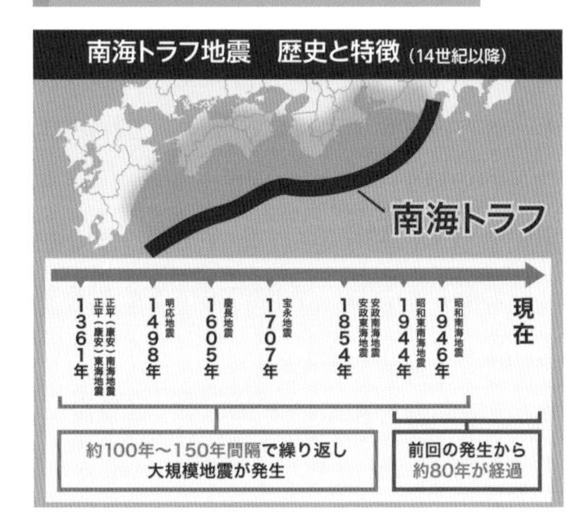

平成29年（2017年）9月に中央防災会議は、現時点では、「大規模地震対策特別措置法に基づく警戒宣言後に実施される地震防災応急対策が前提とする地震の発生時期や場所、規模に関する確度の高い予測は困難である」と指摘しました。一方、南海トラフ地震について「地震発生の可能性が平常時と比べて相対的に高まっている」と評価することは可能であるとも指摘しています。これらを受けて、気象庁は南海トラフ全域を対象に地震発生の可能性の高まりについてお知らせする「南海トラフ地震臨時情報」等の「南海トラフ地震に関連する情報」を運用しています。

昭和東南海地震の被害写真（三重県尾鷲町）

「南海トラフ地震臨時情報」が発表された際には、改めて事前の備えを確認しておくことに加え、政府や地方公共団体からの呼びかけ等に応じた防災対応をとることが大切です。さらに、実際に大きな地震が発生した場合に、緊急地震速報や津波警報等を昼夜問わず見聞きできるようにしておくことも重要です。

なお、「南海トラフ地震臨時情報」については、以下の事項に留意が必要です。

○本情報の発表がないまま、突発的に南海トラフ地震が発生することもあります。

○地震発生の可能性が相対的に高まったと評価した場合でも、南海トラフ地震が発生しないこともあります。

○南海トラフ地震の切迫性は高い状態にあり、いつ地震が発生してもおかしくありません。

昭和東南海地震が起きてから今年でちょうど80年が経過し、次の南海トラフ地震発生の切迫性が高まってきていると考えられています。南海トラフ地震から自らの命や家族の命を守るためには、突発的に地震が発生した場合を想定し、日頃から家具の固定、避難場所・避難経路の確認、家族との安否確認手段の取り決め、家庭における備蓄等の備えを確実に実施しておくことが重要です。

(2)「北海道・三陸沖後発地震注意情報」の運用から1年

日本海溝・千島海溝沿いでは過去に巨大地震が繰り返し発生しており、大きな地震の後に、さらに大きな地震が発生した事例もあります。

大きな地震が発生すると、それに続く次の地震「後発地震」の発生可能性が、平時より高まると考えられます。このため、令和4年（2022年）12月から、想定震源域及びその周辺でマグニチュード（M）7.0以上の地震が発生した場合には、気象庁は「北海道・三陸沖後発地震注意情報」を発表することとしており、運用開始から1年あまりが経過しました。

「後発地震」が必ず発生するとは限りませんが、この情報を見聞きしたら、地震への備えの再確認と、「後発地震」の発生時にすぐに津波から避難できる準備をお願いします。また、地震は突発的に発生することの方が多いので、日頃から家具等の固定や避難場所・避難経路の確認等を行い、地震に備えておきましょう。

日本海溝・千島海溝の位置／過去の巨大地震

北海道・三陸沖後発地震注意情報とは

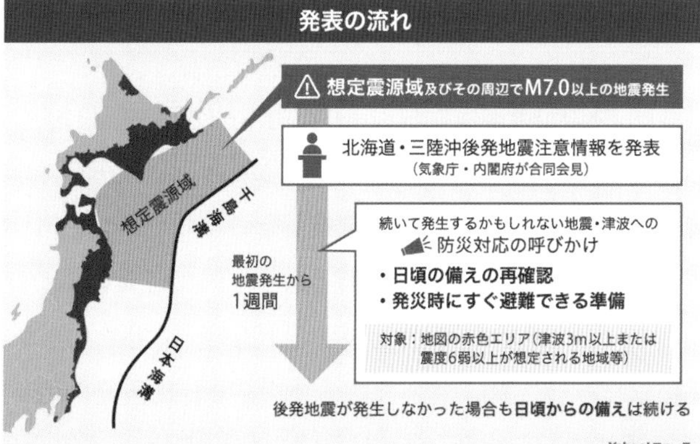

(3) 緊急地震速報の発表基準に長周期地震動階級を追加

巨大地震が発生した場合には、広い範囲で長周期地震動による被害の発生が想定されます。長周期地震動による高層ビルでの人の行動の困難さの程度や、家具や什器の移動・転倒などの被害の程度が、震度では分かりにくいという特徴があります。近年の高層ビルの増加により長周期地震動の影響を受ける人口が増加していることや、長周期地震動により人命に係る重大な災害が起こるおそれがあることなどから、気象庁として広く国民に警戒・注意を呼びかける予測情報を発表することが必要とされました。

気象庁ではまず平成25年（2013年）3月に長周期地震動階級を導入しました。長周期地震動階級とは、長周期地震動による人の行動の困難さの程度や、家具や什器の移動・転倒などの被害の程度から4つの段階に区分した揺れの大きさの指標です。次に、長周期地震動に関する観測情報の試行的な提供を平成25年（2013年）3月28日から気象庁ホームページ上にて開始し、平成31年（2019年）3月19日に本運用へ移行しました。そして、令和5年（2023年）2月1日に、緊急地震速報の発表基準に長周期地震動階級を追加しました。

長周期地震動に対する基本的な防災行動は、通常の揺れに対するものと同じです。日頃から家具類が倒れたり移動したりする可能性を考え、配置に気を付けたり家具類を固定したりすることで、被害を軽減することができます。地震が発生した場合には、家具類や照明機器などが「落ちてこない」、「倒れてこない」、「移動してこない」空間に身を寄せ、頭部を保護し、揺れによる転倒に備え、体勢を低くして身の安全を確保することが重要です。

緊急地震速報では、人が「身構える」ためのシンプルな呼びかけが重要であるとともに、聴覚に障害のある方や日本語を母国語としない方など、情報の受け手に応じた適切な伝達の方法について、民間事業者の協力のもとでの利活用推進が期待されています。機械による利活用では、館内放送などの自動化の取り組みが進んでいます。さらなる利活用に向けては、エレベーターの停止や最寄り階でのドアの開放、また、ガスの供給停止、病院の機器やプラントの制御などで、官民連携による取り組みの活性化が課題です。

長周期地震動の発生も予想される南海トラフ、日本海溝・千島海溝周辺の海溝型地震をはじめとした巨大地震対策が進められています。民間組織とも連携・協力し、この情報を広く社会で活用いただけるよう取り組んでいます。

長周期地震動階級の発表基準での緊急地震速報（警報）の発表状況

発生日時	震央地名	M	観測最大震度	長周期地震動階級（予測）	発表対象地域
2023/05/05 14:42	能登半島沖	6.5	6強	階級4	石川県能登
2024/01/01 16:10	石川県能登地方	7.6	7	階級3	石川県能登

（4）巨大地震対策に関する普及啓発の取り組み

南海トラフ沿いや日本海溝・千島海溝沿いで発生が懸念されている巨大地震では甚大な被害が想定されますので、地震や津波について正しく理解していただくとともに、いざという時には気象庁が発表するこれらの情報を被害軽減のために最大限活用いただけるよう、普及啓発の取り組みを進めています。特に、令和5年（2023年）は、甚大な被害をもたらした関東大震災から100年となったことから、過去の大災害から学び、改めて地震・津波への備えを再確認いただくため、様々な機会を捉えて普及啓発の取り組みを進めました。今年は昭和東南海地震の発生から80年にあたるほか、来年は兵庫県南部地震（阪神・淡路大震災）から30年にあたります。今後も、このような節目の機会を捉えて普及啓発を行っていきます。

南海トラフ地震臨時情報や北海道・三陸沖後発地震注意情報については、情報の発表がなく突発的に地震が発生することもあること、情報が発表されても大規模な地震が発生しないこともあること、などの留意点があること、その内容やキーワードに応じてとるべき防災対応について、被害が想定される地域の住民に対し平時からしっかりとした普及啓発が必要と考えています。気象庁では、オンライン講演会の開催（後述）のほか、内閣府等と連携してマンガ冊子の配布、SNSによる情報発信、デジタルメディアと連携したインフォグラフィックの作成、ホームページでの解説の充実、地方気象台を通じて行う地方公共団体等への普及等、様々な普及啓発の取り組みに努めています。また、巨大地震の際には特に被害が顕著となる長周期地震動や、近年普及の取り組みを進めている「津波フラッグ」の周知も含め、地震動や津波への備えについても普及啓発を進めていきます。

内閣府等と連携して配布したマンガ冊子

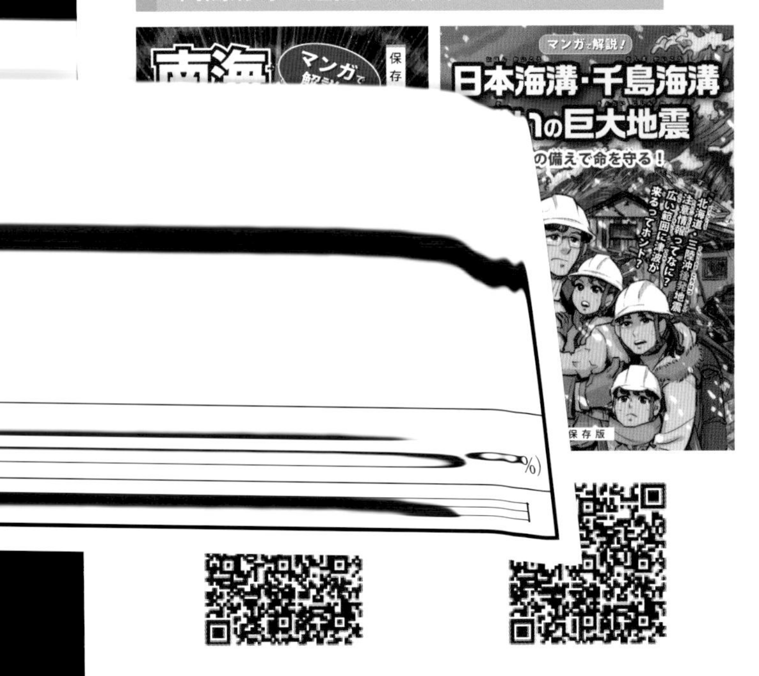

左「南海トラフ地震　その日が来たら・・・」
右「日本海溝・千島海溝沿いの巨大地震　事前の備えで命を守る！」

Yahoo! ニュース編集部と連携して作成した図解

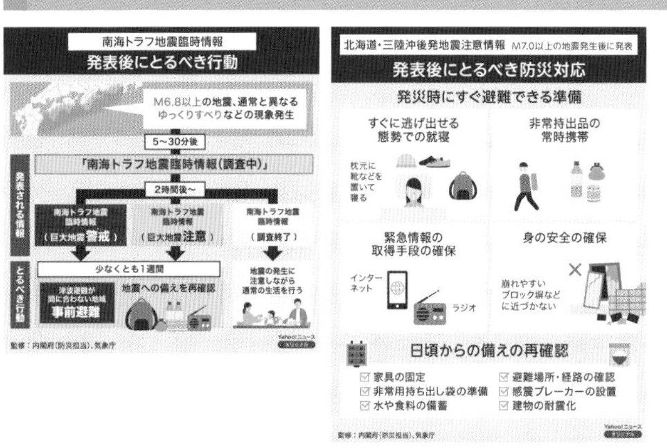

左「南海トラフ地震臨時情報　発表後にとるべき行動」
右「北海道・三陸沖後発地震注意情報　発表後にとるべき防災対応」

ホームページでの解説

緊急地震速報について

このページでは、緊急地震速報に関する様々な情報を紹介しています。

New 新着情報

- [2024.3.18] 緊急地震速報の利活用事例を掲載しました。
- [2024.1.15] 緊急地震速報の利活用のアンケート調査結果（詳細版）を公表しました。
- [2023.11.17] 緊急地震速報訓練アンケートの受付を終了しました。ご協力ありがとうございました。
- [2023.10.24] 11月2日に緊急地震速報の訓練を行います。訓練参加機関を更新しました。
- 過去の新着情報はこちら

01 緊急地震速報ってなに？

- 緊急地震速報のしくみ
- 緊急地震速報の特性や限界、利用上の注意
- 緊急地震速報（警報）及び（予報）について
- 緊急地震速報や震度情報で用いる区域の名称

緊急地震速報のページを令和５年12月により分かりやすくリニューアル

リーフレットの作成

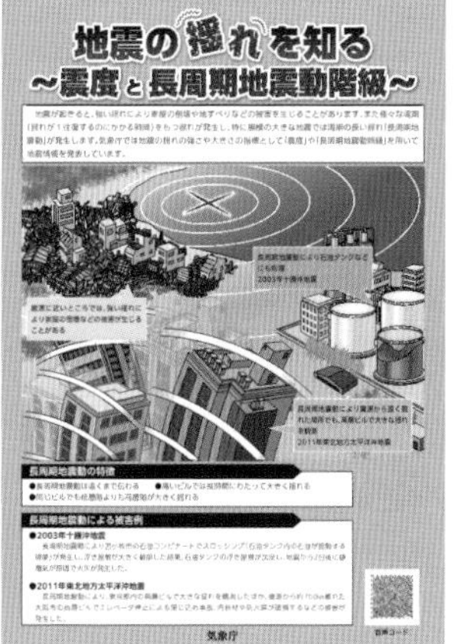

令和４年12月リーフレット「新しい緊急地震速報」作成
令和６年３月リーフレット「地震の揺れを知る」作成

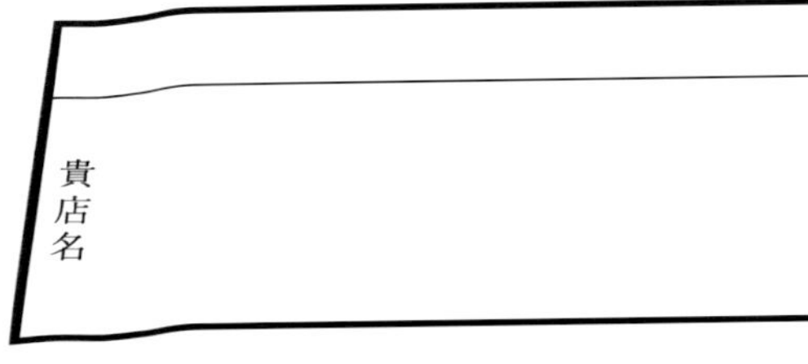

(5) 令和5年度　巨大地震対策オンライン講演会

ここまで述べてきたように、巨大地震の発生が懸念されている中、令和５年(202
から100年にあたることや、令和４年12月の「北海度・三陸沖後発地震注意情
ことから、「強い揺れ・ゆっくりとした大きな揺れ・津波に備える～繰り返し発生す
をテーマとして令和５年12月16日（土）に巨大地震対策オンライン講演会を開

４名の講師から地震、津波、長周期地震動の基礎的な知識に加えて、防災
ついて講演がありました。気象庁 束田 進也 地震火山技術・調査課長からは「
報」についてお話し、東北大学 今村 文彦 災害科学国際研究所教授からは、
の実態と減災に向けての取り組み」を、工学院大学 久田 嘉章 建築学部教授カ
のメカニズムと高層建築の対策」を、宮城県 大内 伸 復興・危機管理部防災推
から「巨大地震・津波の被害想定と必要な備え・行動」についてお話しいただい

Zoomウェビナーにより行ったライブ配信では、事前の視聴登録者数は定員の1,000名に達し、当日は全国から626名の方に聴講いただきました。各講演の最後ではチャットにより多くの質問が寄せられ、講師から回答をいただきました。また、各講演の模様を令和６年１月から１年間の予定で、YouTubeでアーカイブ配信しています。

ライブ配信の様子

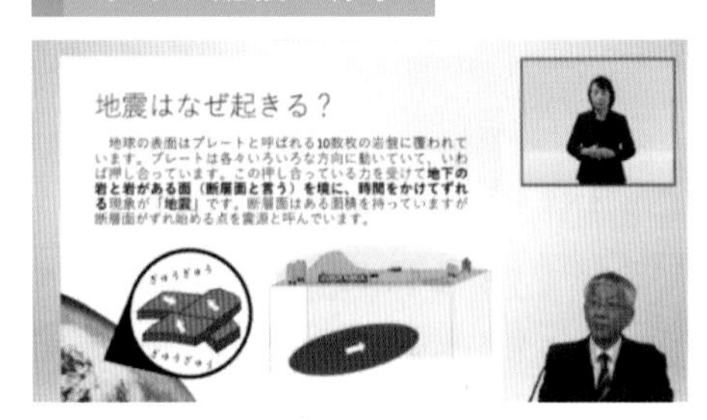

気象庁 束田地震火山技術・調査課長の講演

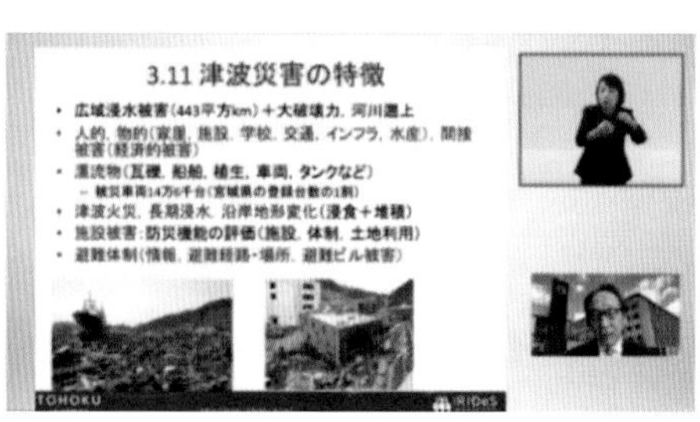

東北大学 今村教授の講演

工学院大学 久田教授の講演

宮城県 大内防災推進課長の講演

アーカイブ配信　QRコード

https://www.data.jma.go.jp/eqev/data/jishin_bosai/r5_lecture.html#archive

震源推定手法の改善の概要

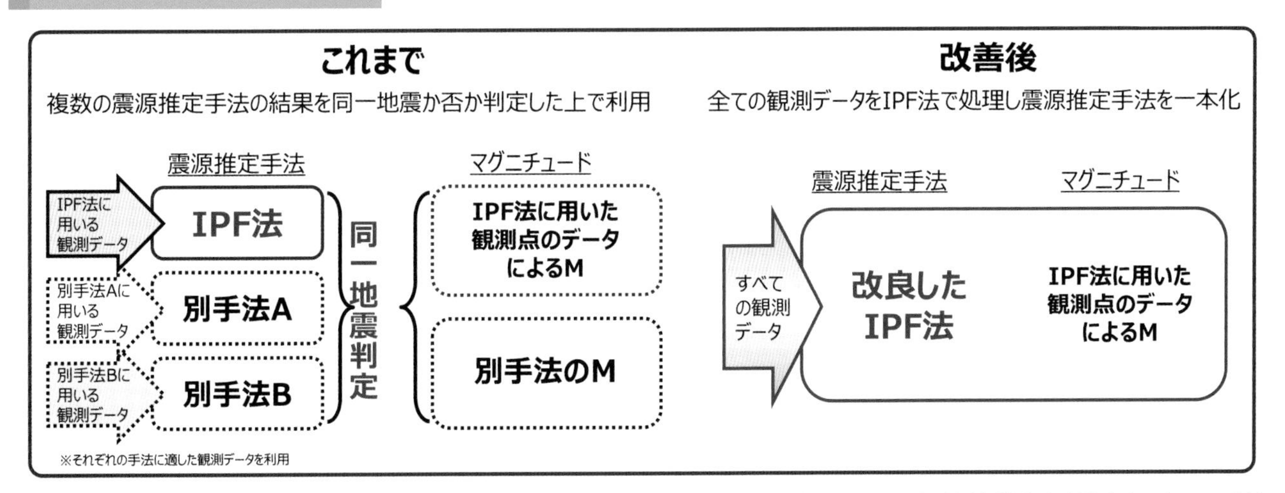

（※）IPF 法：Integrated Particle Filter 法の略。同時に複数の地震が発生した場合においても震源を精度良く推定するための手法。平成 28 年（2016 年）12 月より併用する複数の震源推定手法の1つとして運用を開始、令和5年（2023 年）9月より改良を加えた IPF 法に一本化する運用を開始。

IPF 法の概要

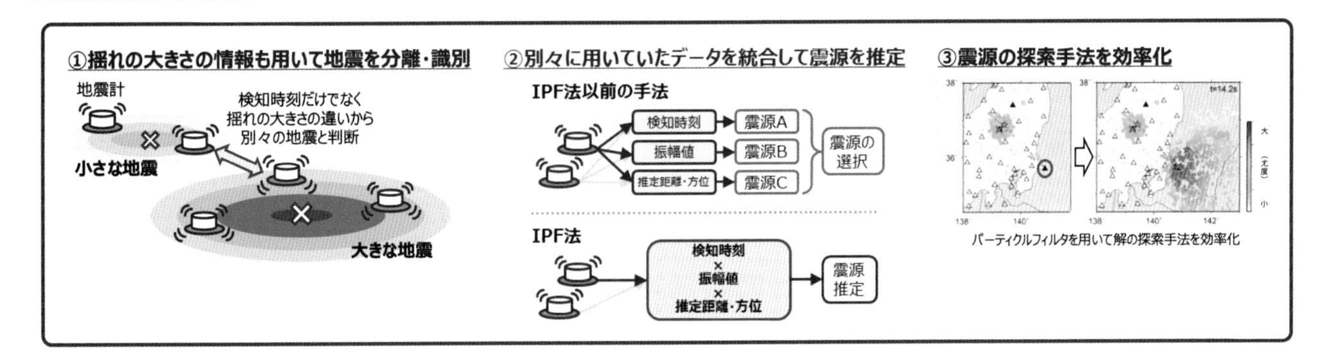

トピックスⅢー３　活動火山対策特別措置法の改正について

近年、富士山の市街地近郊での新たな火口の発見といった、活動火山対策においてこれまで想定してきた火口の範囲の拡大が生じたことに加え、桜島における大規模噴火の可能性が指摘されるなど、日本全国で火山活動が活発化した際の備えが急務となっています。このような状況を受けて、噴火災害が発生する前の予防的な観点から、活動火山対策の更なる強化を図り、住民、登山者等の生命及び身体の安全を確保することを目的に、活動火山対策特別措置法の一部を改正する法律（以下「改正法」という）が令和５年（2023年）の第211回通常国会において成立し、今年４月１日に施行されました。

この改正では、次のこと等が定められました。

・８月26日を「火山防災の日」とすること

・火山現象の発生時における住民や登山者等の円滑かつ迅速な避難のために必要な情報を、情報通信技術の活用等を通じて迅速かつ的確に伝達すること

・火山に関する調査・研究を一元的に推進するための火山調査研究推進本部を文部科学省に設置すること

（1）火山防災の日が始まります

改正法では、国民の間に広く活動火山対策についての関心と理解を深めるため、８月26日を「火山防災の日」とすることが定められました。「火山防災の日」には、防災訓練等その趣旨にふさわしい行事が実施されるよう努めることとされ、気象庁では「火山防災の日」に関連した普及啓発の取り組みを行っています。

「火山防災の日」として定められた８月26日は、日本で最初の火山観測所が明治44年（1911年）に群馬県・長野県の県境にある浅間山に設置され、火山観測が始まった日です。

当時の浅間山の火山活動は、明治42年（1909年）から顕著な噴火が相次いで発生するようになっており、浅間山麓の住民は天明３年（1783年）に発生した天明噴火のような災害の再来を恐れ、浅間山の活動に対する関心が高まっていました。このため長野県知事が文部省の震災予防調査会に対して浅間山の調査を依頼し、同調査会幹事の大森房吉の尽力により、明治44年８月26日、浅間山の西南西山腹（通称、湯の平）に我が国最初の火山観測所が長野県予算で建設され、震災予防調査会と長野県立長野測候所の共同により火山観測業務が開始されました。

大正２年（1913 年）6 月 30 日撮影

大正 15 年（1926 年）2 月 18 日撮影（後の軽井沢測候所）

軽井沢測候所

平成 19 年（2007 年）5 月 21 日撮影（写真奥に見えるのが浅間山）

近年の浅間山の様子

平成 16 年（2004 年）9 月 14 日撮影（小規模噴火）

コラム

●「火山防災の日」特設サイトを開設しました

初めての「火山防災の日」を迎えるにあたり、国民の皆様に活動火山対策についての関心と理解を深めていただくために、気象庁ホームページ内に「火山防災の日」特設サイトを開設しました。

この特設サイトでは、「火山とは?」から始まり、火山災害から身を守るための知識や気象庁の火山防災情報について解説しています。各火山の写真や魅力を通じて火山を知っていただくためのコンテンツを揃えており、中学生や高校生、また、火山には馴染みのない方でも読みやすい内容となっておりますので、学校やご家庭での日頃の災害対策の見直しや、地域の防災教育等にご活用ください。

「火山防災の日」特設サイトは以下のURLからご覧ください。

https://www.data.jma.go.jp/vois/data/tokyo/kazanbocai/index.html

「火山防災の日」特設サイトのトップページ

「火山防災の日」特設サイト

8月２６日が「**火山防災の日**」に制定されました。

明治４４年8月２６日は、浅間山に日本で最初の火山観測所が設置され、観測が始まった日です。

この特設サイトで、火山の魅力・恩恵やその危険性を正しく理解し、火山災害に備えていただければと思います。

本特設サイトについて　　「火山防災の日」とは？

ボクたちの紹介ページは、ボクたちをクリック！

火山を知る・火山災害に備える

からは、「一般の登山[illegible]
めて感じた」「最後に比較的規模の大きな噴火が起こったのは 20 年以上も前になるので、地元の人に取材をしている中で、噴火災害が風化していることに危機感を持っていた。改めて活火山の脅威について伝えたいと思った。」という声が寄せられました。

なお、本ツアーは改正活動火山対策特別措置法施行前のプレ企画として実施しましたが、本年は施行後初めて「火山防災の日」を迎えることから、観測所跡の文化財調査を行っている小諸市教育委員会や、長野県を始めとした関係機関とも連携した登山ツアーの実施や火山防災意識の向上に寄与する様々な取り組みを行いたいと考えています。また、令和 7 年（2025 年）には、国としての気象業務が 150 周年を迎えることから、様々な記念広報事業の企画・検討を進めています。この 150 周年記念事業に向けた機運も高めていくため、「火山防災の日」などに係る広報活動を積極的に展開していく予定です。

観測所跡の遺構

観測所跡に残るコンクリート製の地震計台

観測所についての説明

記者の方々との質疑応答の様子

コラム

●浅間山のマグマ供給系と噴火活動

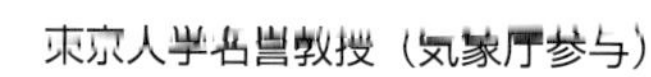
東京大学名誉教授（気象庁参与）

武尾　実

浅間山は爆発的噴火を行う国内でも有数の活火山で、20 世紀初頭から 1960 年代初めに掛けて、活発な噴火活動が継続した。そのため、浅間山の火山活動の観測は 100 年以上前から始まっており、世界的に見ても最も長い観測の歴史を持っている。これらの観測を元に、東京大学の水上武教授により、火山性地震の分類や噴火予測手法など、その後の火山学の礎となる研究が進められた。

2003 年以降、浅間山及びその周辺の地震・地殻変動の観測網は、気象庁、東京大学、国土地理院などの関係各機関により高度化された。特に、東京大学地震研究所が山頂火口（釜山）の火口壁の東西に設置した二つの観測点では、高性能の地震計による地震観測の他に、地殻変動、空振、可視・赤外映像、火山ガスなどの多項目の観測が実施されるようになった。この時期、2004 年 9 月1日の中噴火から始まる一連の噴火活動により、浅間山の火山活動についての貴重な観測データが得られるようになった。また、人工地震探査や広域の地震観測網データを用いた解析から、浅間山及びその周辺域の地震波速度構造が解明された。その結果、浅間山の直下ではマグマがどの様に上昇してきているのか明らかになり、そのマグマ供給系と噴火活動の関連性がより深く理解されるようになった。

地震と地殻変動の観測から明らかになった浅間山のマグマ供給系

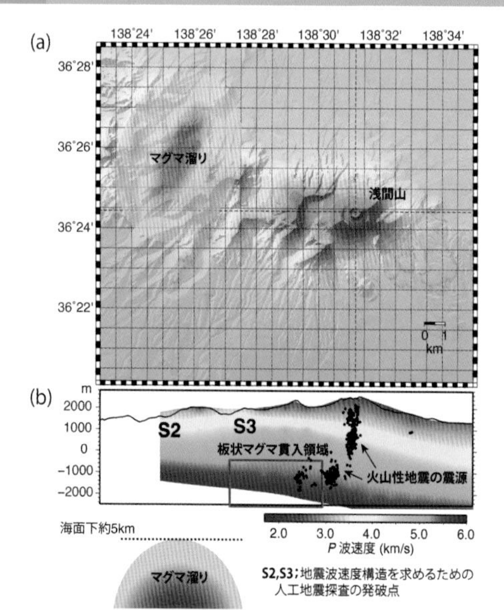

(a) 浅間山周辺の地形図と地表面に投影したマグマ溜りの位置
(b) 浅間山直下の地震波速度構造と地殻上部のマグマ溜り

浅間山の下では、深部から上昇してきたマグマは海面下 5 − 10km の地殻上部では浅間山の西約 10km にあるマグマ溜りに蓄積され、そこから浅間山西麓の海抜 0km 付近まで東西に延びた板状の形態（ダイクという）で上昇してくる。そこから山頂直下まで移動し、火口直下の火道（マグマの通り道）に沿って真っ直ぐ上昇してくる。2004 年 9 月から始まる噴火活動や 2008 年 8 月、2009 年 2 月～ 3 月にかけての噴火活動、2015 年 6 月の噴火活動に先行する前駆現象は、このマグマ供給系に沿ったマグマ上昇と山頂直下の火道浅部の状態によって整合的に理解できる様になった。一方、2019 年 8 月の火口周辺約 200m 程度の範囲に影響を及ぼしたごく小規模な噴火では、これまでの前駆現象とは異なる現象しか観測されなかったが、この小噴火についても火道浅部の状態と関連付けて理解することが出来るようになった。この様な浅間山の火山活動についての最新の科学的知見を踏まえて、気象庁は浅間山の噴火警戒レベル判定基準の改定を順次進めている。

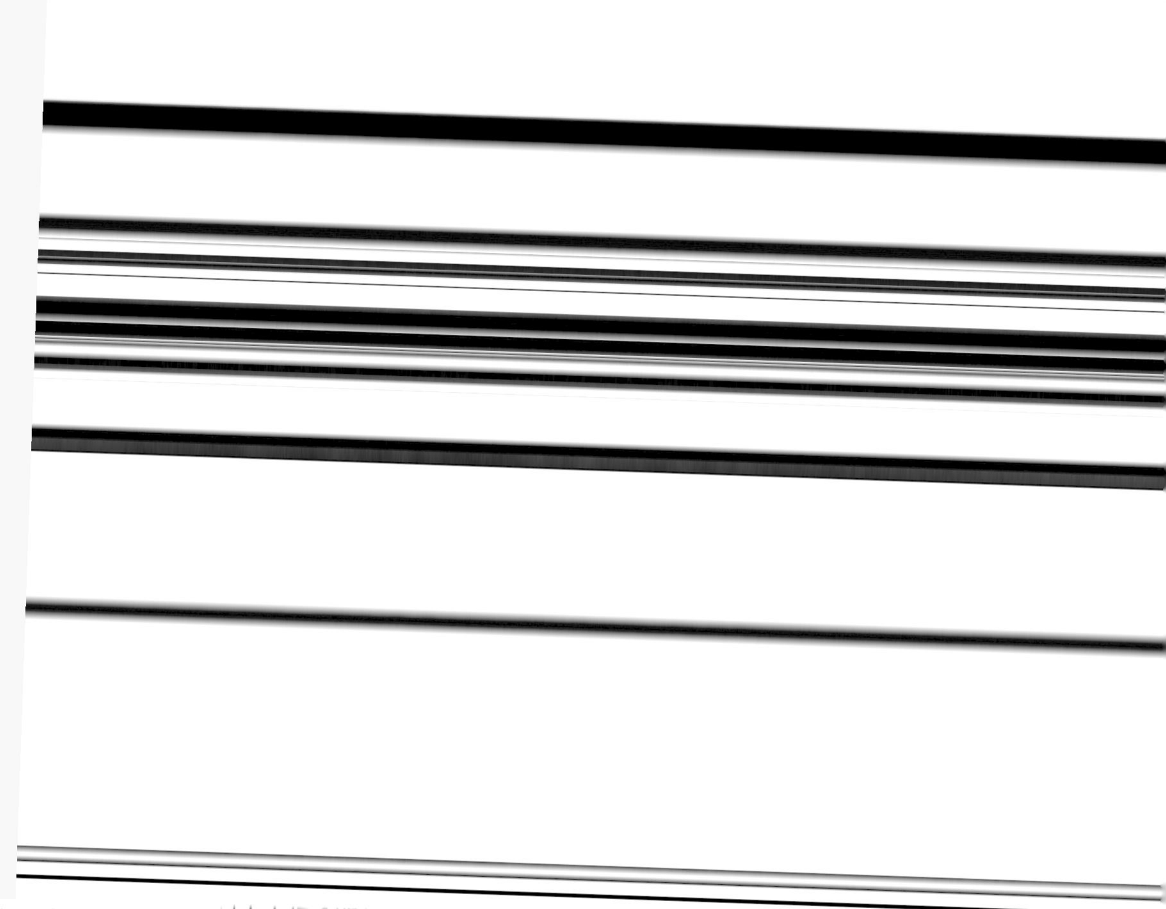

④火山に関する観測、測量、調査又は研究を行う関係行政機関、大学等の調査結果等を収集し、整理
分析し、並びにこれに基づき総合的な評価を行うこと。
⑤総合的な評価に基づき、広報を行うこと。

火山調査研究推進本部の概要

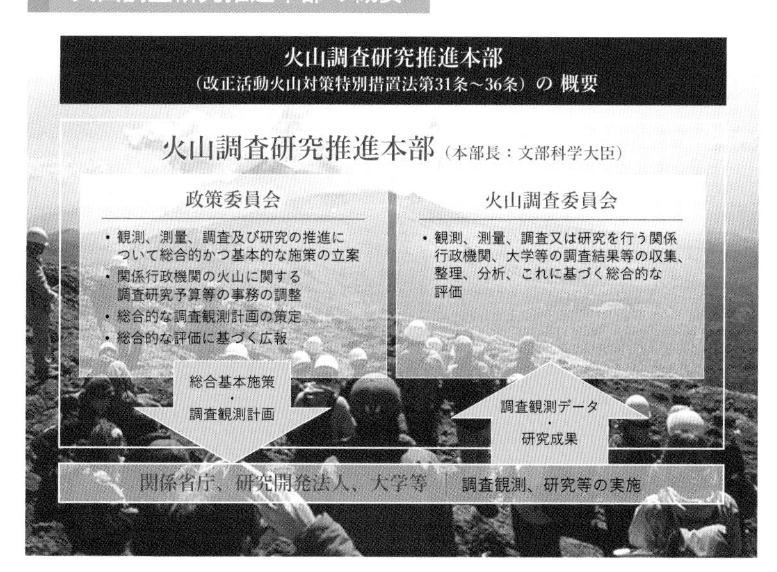

文部科学省 HP より
https://www.mext.go.jp/content/20230802-mxt_jishin02-000031180_1.pdf

火山本部には、政策委員会と火山調査委員会の２つの委員会が設置され、政策委員会では上記の事務のうち①②③⑤について調査審議が、火山調査委員会では④が行われます（図）。気象庁は、火山調査委員会が行う事務に関する庶務を文部科学省・国土地理院と共同で実施します。今後、政策委員会において、火山調査研究に関する総合基本施策や調査観測計画が策定され、当該計画に基づき関係行政機関や大学等において観測、測量、調査及び研究が実施されることが想定されます。また、火山調査委員会において、それらの成果を収集、整理、分析して総合的な評価が実施されます。このような形で、火山本部が司令塔となり、火山調査研究が一元的に推進されます。気象庁も関係府省庁と連携して対応してまいります。

Ⅳ 気象情報が社会で活用されるために

気象に関する観測や予報等の気象情報は、社会の基盤的な情報として防災対応や人々の生活に役立てられています。また、民間事業者等が行う気象情報の高度な利活用により社会の多様なニーズに応えることで、気象情報は社会経済活動においても欠かせない存在となっています。本トピックスでは、気象情報が社会でさらに利活用されることを目的とした気象庁の取り組みについて紹介します。

トピックスⅣ－１ 気象業務法の改正

（1） 背景

近年の自然災害の頻発化・激甚化を背景として、国・都道府県による住民等の避難や地方公共団体の防災対応に資する情報の更なる高度化が求められるとともに、洪水等に対する民間企業の事業継続等の多様なニーズに対する情報提供の充実を進めていくことも非常に重要となっています。また、近年、国をはじめ民間や研究機関において洪水等の予測に関する様々な技術開発が進み、コンピュータシミュレーションを活用した先進的な予測技術が確立されてきています。

このような状況を踏まえて、地方公共団体や住民、民間企業等における様々な防災対応がより適確に実施されるよう、官民それぞれの予報の高度化・充実を図るため、都道府県が行う洪水予報の早期発表を図る仕組みの構築や、多様な利用ニーズに応じた予報の提供に向けた民間の予報業務に関する制度の見直し等を行うことを内容とした「気象業務法及び水防法の一部を改正する法律」が、令和５年（2023年）通常国会において成立し令和５年５月31日に公布されました（同年11月30日までに全て施行）。

（2） 改正の概要

ア．国や都道府県が行う予報の高度化

都道府県指定洪水予報河川の洪水予報の高度化を図るため、国土交通大臣が国指定河川洪水河川の洪水予報を実施する際に本川・支川一体で水位予測を行うことにより取得した都道府県指定河川の予測水位・流量について、都道府県指定河川の洪水予報に活用できるよう、都道府県知事は国土交通大臣に対し当該情報の提供を求めることができることとし、求めがあった場合には国土交通大臣は当該情報を提供する旨の改正を行いました。

また、令和４年（2022年）のトンガ諸島の火山の大規模噴火による日本国内での大きな潮位変化を受けて、火山現象に伴う津波についても気象庁が予報・警報を適確に実施できるようにしました。

イ．民間事業者による予報の高度化

近年、民間や研究機関における予測技術の進展に伴い、洪水等の予測については、気象の観測･予測値を入力し、河川における水の流入や流下等の過程をシミュレーションする手法が主流となっています。このため、洪水等の予報業務については、従来の気象予報士の設置基準から技術上の基準へ移行して、最新の予測技術に即した適正な基準による審査の実施と、事業者の参入を促すこととしました。

他方で、災害に関係する社会的な影響が大きい洪水等の現象の予報については、許可事業者による予報の特性を理解していない者が受け取った場合は防災上の混乱が生じる恐れがあります。このため、これら現象の許可事業者は、そのサービスの利用者に対し、利用に当たり留意すべき事項が十分に理解されるよう、事前に説明しなければならないこととしました。

また、近年、簡易的に気象を観測できるセンサーが出現し、多地点のデータを低コストで得られるようになり、観測デー

が、民間事業者や大学・研究機関等にクラウ…
気象データの利活用促進を進めていきます。

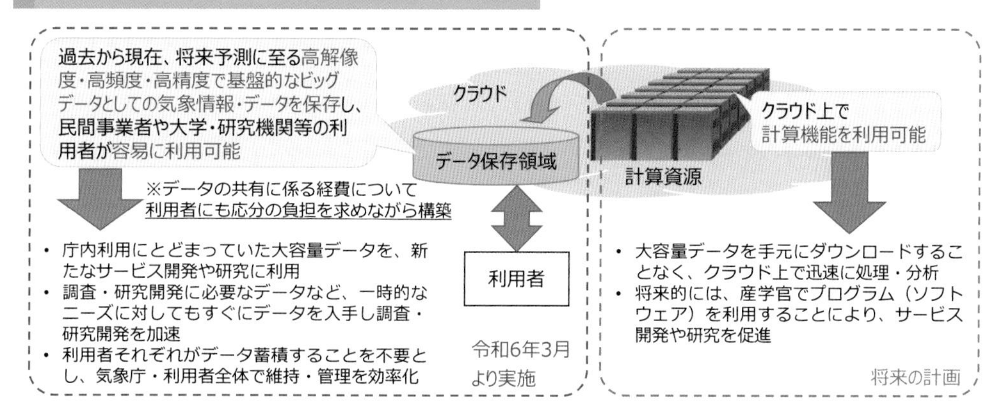

(2) より精緻な花粉飛散予測に向けた取り組み

さらに、花粉の飛散予測サービスは多くの民間気象事業者等から提供されていますが、その予測精度の向上には、風・気温・降水等の詳細な予測データが必要です。

そこで、大容量データを提供できるクラウド環境の特性を生かして、これまでより詳細な三次元の気象予測データを気象庁から提供することにより、民間事業者が実施する花粉飛散予測の精度向上に貢献していきます。

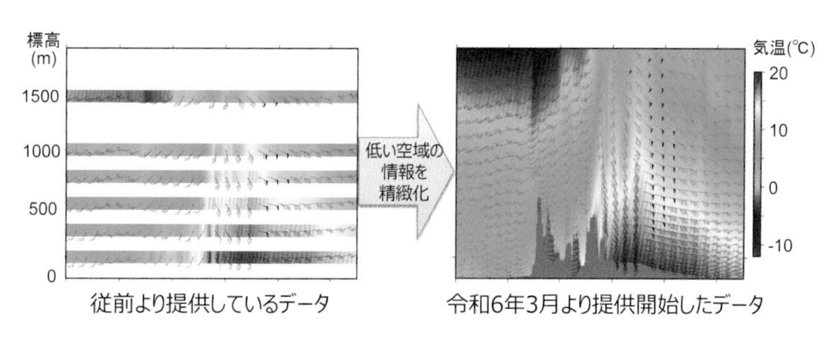

大気の鉛直断面のイメージ（右図の灰色部分は地形を表す）。令和６年３月より提供開始したデータは、従前より提供しているデータ（左図）と比べて、花粉が飛散する標高数百メートル以下の気温等が精緻化している。

https://www.jma.go.jp/jma/kishou/know/kurashi/kafun.html

トピックスⅣ－3 航空気象分野における気象情報の提供

(1) 飛行場ナウキャストの提供について

世界的に航空需要は今後ますます増加していくと見られていますが、航空機の運航には気象が大きく影響し、安全で効率的な飛行を実現するためにはきめ細かく精度の高い気象予測が必要です。

こうした背景から気象庁は、令和6年（2024年）3月から運航管理者等に対し、国内7空港（新千歳、成田国際、東京国際、中部国際、関西国際、福岡、那覇）に対して新プロダクト「飛行場ナウキャスト」の提供を開始しました。

飛行場ナウキャストは、気象観測やレーダー等の観測成果及び数値予報資料を基に自動作成しており、10分単位の気象予測（風向風速、視程、シーリング*、天気（雷、降水、霧・もや）を180分先まで時系列に並べた図情報（右図）で、30分ごと、1日に48回発表します。

最新の飛行場ナウキャストと併せて、予報官が作成する飛行場予報を御利用いただくことにより、安全な離着陸を支援します。

飛行場ナウキャスト

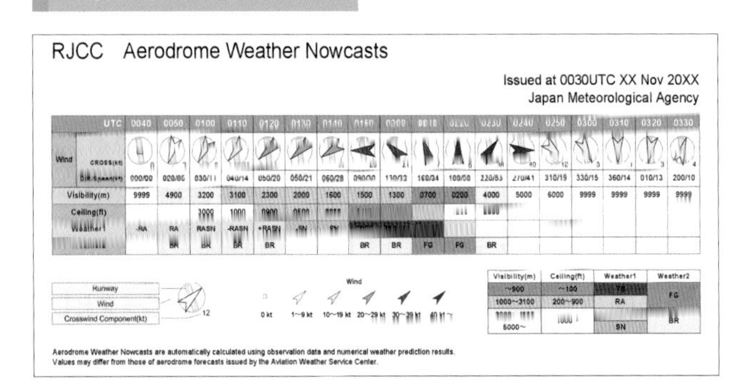

風向風速を数値とは別に矢印とその色で表現します。その他の要素も表の背景色を気象状況により変化させることで、ひと目で現象のピークが分かるように工夫しています。

＊シーリング：雲量が天空の5／8以上ある最も低い雲層の雲底の高さ、又は鉛直の視程のこと

(2) 航空気象業務における三十分大気解析の利用

飛行中の航空機に揺れをもたらす乱気流は、航空機の安全性や快適性に大きな影響を与えます。乱気流の中でも、雲の外で発生する晴天乱気流は気象レーダーや目視での把握が困難であるため、実況や予測に基づいて発生領域を事前に回避することが重要です。

気象庁では、航空機の安全で快適な運航を支援するため、大気の現在の状態を示す三十分大気解析を気象庁ホームページ「航空気象情報」にて提供しています。三十分大気解析では、風向風速、風の鉛直シアー（水平風の鉛直方向の変化率）、気温及び圏界面高度の解析値を水平断面図と鉛直断面図で表示し提供しています。これらのうち、風の鉛直シアーは晴天乱気流を予測する指標の一つであり、値が大きいほど強い乱気流となる可能性があります。三十分大気解析は、気象庁における乱気流の実況監視及び予測とともに、航空会社や航空交通管制で利用され、日々の運航の中で役立てられています。

三十分大気解析の例（東経140度鉛直断面図）

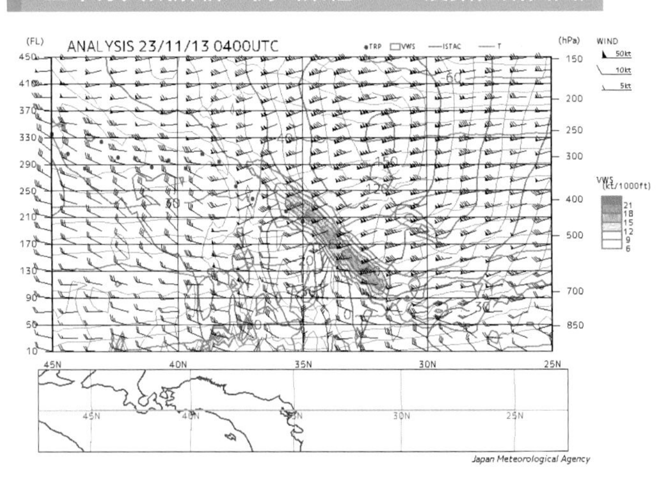

東経140度（下部に記載の地図の緑色線）に沿った鉛直断面図。圏界面高度（TRP）、風の鉛直シアー（VWS）、等風速線（ISTAC）、気温（T）、および風の矢羽を表示しています。

データの知識とデータ分析の知識や分析する手法などを
身に着けられる「気象データアナリスト育成講座」の認定を行っています。

「気象データアナリスト育成講座」は、気象データを使用した分析のために修得すべき知識・技術（スキルセット）等を示した「カリキュラムガイドライン」（気象庁が気象ビジネス推進コンソーシアム※協力のもと作成）に適合し、経産省の「第四次産業革命スキル習得講座認定制度」（Re スキル講座）として認定された講座を気象庁が認定するものです。令和 5 年（2023 年）9 月現在、3 事業者で 6 つの「気象データアナリスト育成講座」が開講中です。

気象の影響を大きく受ける企業の従業員が「気象データアナリスト」としてのスキルを身に着け即戦力として活躍し、業務に大きく貢献することが期待されています。

※気象ビジネス推進コンソーシアム（WXBC）：産業界における気象データの利活用を一層推進することを目的に、産学官の連携組織として平成 29 年（2017 年）3 月に設立。気象庁が事務局を担う。

ビジネスの課題解決できる人材の育成に向けて

コラム

●気象データの専門家として海上工事の最適化に挑む

五洋建設株式会社

西　広人

海上工事で活躍する作業船は風や波により動揺が発生するため、気象・海象データは工程や安全に直結する非常に重要なものです。弊社では海上工事を数多く手掛けていますが、今後本格化する洋上風力発電の建設を見据え、これまで以上に気象データを活用し、海上工事における気象専門家として客観的に十分な根拠を持った判断ができるようになればと思い、気象データアナリスト育成講座を受講しました。

気象分野については初学でしたが、データ分析手法に加え、分析したデータから事象への診断・予測・処方などのアプローチ方法までを体系的に学ぶことができました。中でも波浪推算と関係の深い面的なデータのハンドリングスキルが身に付いたこと，異業種異分野の方との意見交換で知見が広がったことは非常に有意義だったと感じています。

今後、気象データの高解像度化、高頻度化が進んでいく中で、当講座で学んだことを活かし、膨大な情報量を持つデータを最大限活用して、海上工事の最適化に繋げたいです。

コラム

●美味しいビールのために、気象データアナリスト

IT エンジニア 気象予報士

水林　亨介

趣味のビール好きが高じて、ビールの原材料であるホップの生産者支援に参加する機会を得ました。食品メーカーと協力し、気象データとベテラン生産者のノウハウとを機械学習により結びつけ、新規就農者がより高品質なホップを生産できるようサポートするものでした。手法の妥当性検証のため、基本的な学習モデルを適用した初期の段階ですでに、想定よりも良い結果が得られました。

この経験から、気象データ活用の可能性を強く感じたこと、また一方で、より精緻なモデルを扱うためには気象データを扱う知識、スキルを高める必要性も痛感したことから、気象データアナリスト育成講座の受講を決めました。

執筆時点でまさに受講中で、様々な気象データの扱い方や分析手法について学んでおります。期待していた以上に充実した内容で、修了後はここで学んだことを活かし、国内ホップ生産の支援、ひいては美味しいビールのために取り組んでいけたらと思っております。

コラム

●営農支援情報の開発と普及、生産者への伝達　～北海道の事例紹介～

九州大学 大学院 農学研究院 気象環境学研究室 教授

広田　知良

気象データの応用活用には、生産現場や民間事業者において高いレベルの実態やニーズの把握が不可欠である。本会合では、農業生産者のニーズと気象データの応用技術（シーズ）のギャップとその解消を検討した。そこで、筆者が関わった北海道の事例を農協の現場関係者と共に紹介した。

その一つが土壌凍結深制御という応用技術である。大規模畑作地帯の道東地方では、近年の気候変動の影響として初冬における積雪深増加に伴う土壌凍結深減少があり、収穫後に畑に残って雑草化するという野良イモの大発生に至る。これに対して先進的農家から、忙しい農繁期の農薬での雑草防除ではなく、冬の農閑期での土壌凍結を活用した野良イモ凍死が着想され、凍結手段の雪の操作として「雪割り」（部分除雪）と「雪踏み」（圧雪）を創出した。ところが、この手法の効果は、積雪や気温の経過が毎年異なるため、安定性を欠いた。そこで、研究側から野良イモを防除する最適な土壌凍結深を予測する手法を開発した。この手法を十勝地方の農協の情報システムに搭載して、一般農家がアクセスできることで、雪の操作のタイミングの効率化が図られ、確実かつ安定的な野良イモ防除が可能となった。さらに、この手法は、北見地方等におけるタマネギの増収などでも効果があり、生産性向上による地域に大きな経済効果を与え、国内の食料安定供給、さらに土壌改善、温室効果ガス緩和策に寄与した。

この過程には、課題当事者の農家自らの技術開発があり、そして基礎研究とのシーズの融合による共創を実現し、さらに公設農試、普及センター、農協、民間気象会社との協創で進んだ。そして、この技術を一般農家が確実に実施するために、農協による農業気象情報システムの構築があり、その結果、自ずと一般農家への気象データ利活用が推進できた。農協職員の独自の創意工夫を重ねて（新たなニーズとシーズの発掘、生産者向けのインタフェース開発、講習等の普及活動、農協間の交流によるノウハウ交換、単農協から農協連組織運用によるスケールメリットと小農協参加可能となる運営）、普及拡大、安定的長期運用が図られた。これはデータ駆動型農業の先駆的な実例でもある。農協の果たした役割から学ぶべき点は多い。

コラム

●農業気象情報を活用した営農支援と生産者への伝達

きたみらい農業協同組合 営農支援部 マネージャー（執筆当時）

畠山　重文

近年、農業生産現場では気候変動が与える影響が顕在化し、記録的な高温や集中豪雨などにより生育障害、生産性や品質低下などの被害を受けているのを実感しています。農業は気象と密接に関係しており、作物や品種のポテンシャルを最大限に生かすためには、このような気候変動を的確に捉えた適応対策技術が、生産現場から強く求められます。JAきたみらいでは独自の気象モニタリングシステムを構築し、営農に欠かせない気象データを農家組合員へ提供し、気候変動に対応するための現場実態に即した、技術対策や農業気象情報の有効活用を実践しています。例えば、過去から地図情報を起点としたタマネギなどの栽培履歴や生産性データ、土壌診断結果などのビッグデータを活用しながら、生産者に直接、情報伝達や解説を含めた営農支援、経営相談もします。今後は、2週間気温予報などの長期先の予測データの更なる有効活用によって、作物生育や圃場（ほじょう）状態のリスクの高まりをより前もって察知できないかと考えています。これらの情報を基に栽培管理計画を改善していくことは、エンドユーザーである農家組合員の生産性向上につながり、多大な効果をもたらすものであると確信しています。

コラム

●十勝農業を支えるTAFシステム

十勝農業協同組合連合会 農産部 農産課（執筆当時）

小川　ひかり

十勝の農業は、25万haの耕地に畑作と畜産が両立する大規模な農業が展開されており、高収量且つ高品質な生産を行いながらも作業の省力化が求められていることから、自動操舵トラクターの導入や衛星画像による生育の可視化、そしてICTを活用した情報管理の効率化が進められています。本会は十勝地区の23農協、約5,400戸の組合員を支援することを目的とした生産指導業務を主とする地区連合会であり、2017年より組合員の営農情報をWeb上で登録、閲覧する「TAFシステム（Tokachi total Assistance for Farmers）」の運用を開始し、農業分野のデジタル化を推進しています。TAFシステムには、組合員の作付圃場図を管理する「マッピングシステム」があり、圃場図に対して気象情報や衛星画像、土壌分析結果等のデータを集積しています。気象情報は農業データ連携基盤（WAGRI）から1kmメッシュのデータを取得しており、病害虫の発生予察によって圃場管理を行う最適なタイミングを圃場単位で確認することや、収穫機からこぼれ落ちた馬鈴しょの雑草化を防ぐことを目的として塊茎を土中で凍結腐敗させるため、土壌凍結深予測によって土壌凍結を促進させる「雪割り」や「雪踏み」の最適な作業スケジュールを確認することができるようになっています。TAFシステムは組合員のニーズを集めながら農協と本会が協力して構築しており、組合員に向けた栽培の改善指導や作業支援ができるように、今後も活用推進を強化していきます。

気象現象の予想には、数値予報資料の解釈など高度な技術を要することから、民間気象事業者が気象の予報業務を行う際には気象予報士に現象の予想を行わせることが義務付けられ、これにより民間が行う予報の技術水準を担保しています。

なお、気象現象の予想を伴わない、地震動等の予報業務については、国土交通省令に定める技術上の基準に適合した手法で現象の予想を行うことを義務付けています。

(3) 気象予報士への期待

令和２年度（2020年度）に気象庁が気象予報士全員を対象に行った調査によると、全体の６割が気象予報士の資格取得が業務や社会活動に役立ったと回答しています。教育活動、気象解説、地域における防災活動などに、専門的な知見を活かしたいと考えている方に加え、知見をデータ分析・情報処理系の資格と組み合わせて活用できると考える方が一定程度いることも分かりました。

今後、気象予報士の方々が、その専門的な知見を活かし、地域における防災活動の支援（「気象防災アドバイザー」等）や、産業界の気象データ利活用の分野（「気象データーアナリスト」等）などで活躍する機会が広がることが期待されます。

気象予報士の資格や知識を役立てたい業務

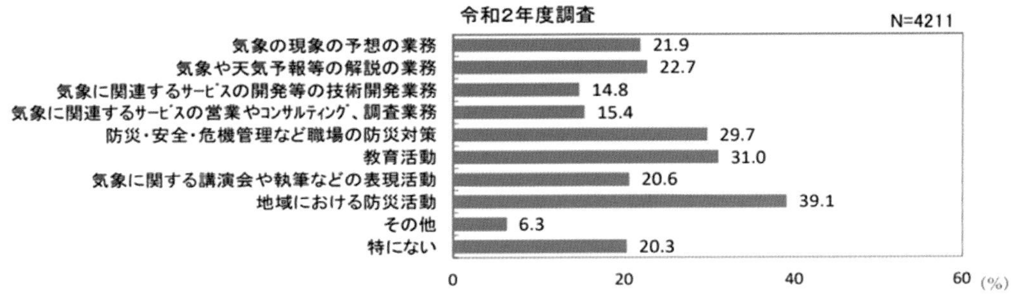

令和２年度 気象予報士の現況に関する調査（気象庁）より

以下のコラムでは、ニュースなど第一線で活躍されている２名の気象予報士の方から、気象予報士としての思いや求められる期待等について、また、気象予報士の団体である日本気象予報士会の会長から、同会の軌跡と活動内容について紹介いただきます。

コラム

●気象データを社会に活かすため気象予報士として出来ること

株式会社南気象予報士事務所
「NHK おはよう日本」気象情報担当
気象予報士　近藤　奈央

気象データの利活用の必要性は DX が進む産業界で急速に広がりをみせています。気象予報士として気象解説はできても、それを企業の意思決定やリスク低減に結び付けるには適切なデータの抽出と分析が必要であり、その知識とスキルの習得に必需性を感じ、「気象データアナリスト育成講座」を受講しました。講座では、統計処理に適したプログラミング言語 Python の技術を習得、多様なキャリアを持つ社会人と意見交換しながら、オープンデータと気象データを使用し、「2024 年問題」に適応するためのビジネスモデルを構築しました。頻発する気象災害下における持続可能な社会の実現には、気象とビジネスのデータを繋ぐ橋渡し役が重要です。気候テックや気象テック系の企業が世界で増えているなか、気象データを企業にフィードバックできる人材の需要はさらに拡大します。今後はビジネスを含めた気象業務に関わりながら気象予報士の資質をさらに高めていく必要があると考えています。

コラム

●気象情報は未来をよくするためにある

株式会社ヒンメル・コンサルティング代表取締役
宇宙天気ユーザー協議会アウトリーチ分科会長
「NHK ニュースウオッチ9」気象情報担当
気象予報士　斉田 季実治

気候変動に伴う災害の激甚化により、気象予報士の役割は増大している。平成 29 年度、地方公共団体の防災現場で即戦力となる気象防災の専門家を育成する「気象防災アドバイザー育成研修」が始まった。私は令和 5 年度に受講したが、風水害だけでなく、地震や火山も内容に含まれていて、予報の解説から避難の判断までを一貫して扱うための専門的なカリキュラムが用意されている。一方で、気象予報士には、気象や防災、環境問題などを一般の方たちにわかりやすく伝えるサイエンスコミュニケーターとしての役割も期待されている。令和 3 年放送の NHK 連続テレビ小説「おかえりモネ」で私が気象考証を担当したのは、この役割の一つだろう。気象現象は、季節や場所、時間によって起きることが限られているため、物語に嘘がないように台本をチェックするのが主な仕事だったが、最新の防災気象情報の提案も幾つか行った。その一つが「宇宙天気」。近い将来、防災の観点で重要になると考えて提案したが、令和 4 年の総務省「宇宙天気予報の高度化の在り方に関する検討会」に参加するきっかけとなった。私は、気象情報は未来をよくするためにあると思っている。より快適な未来のために、気象予報士の活躍の場は益々広がっていくだろう。

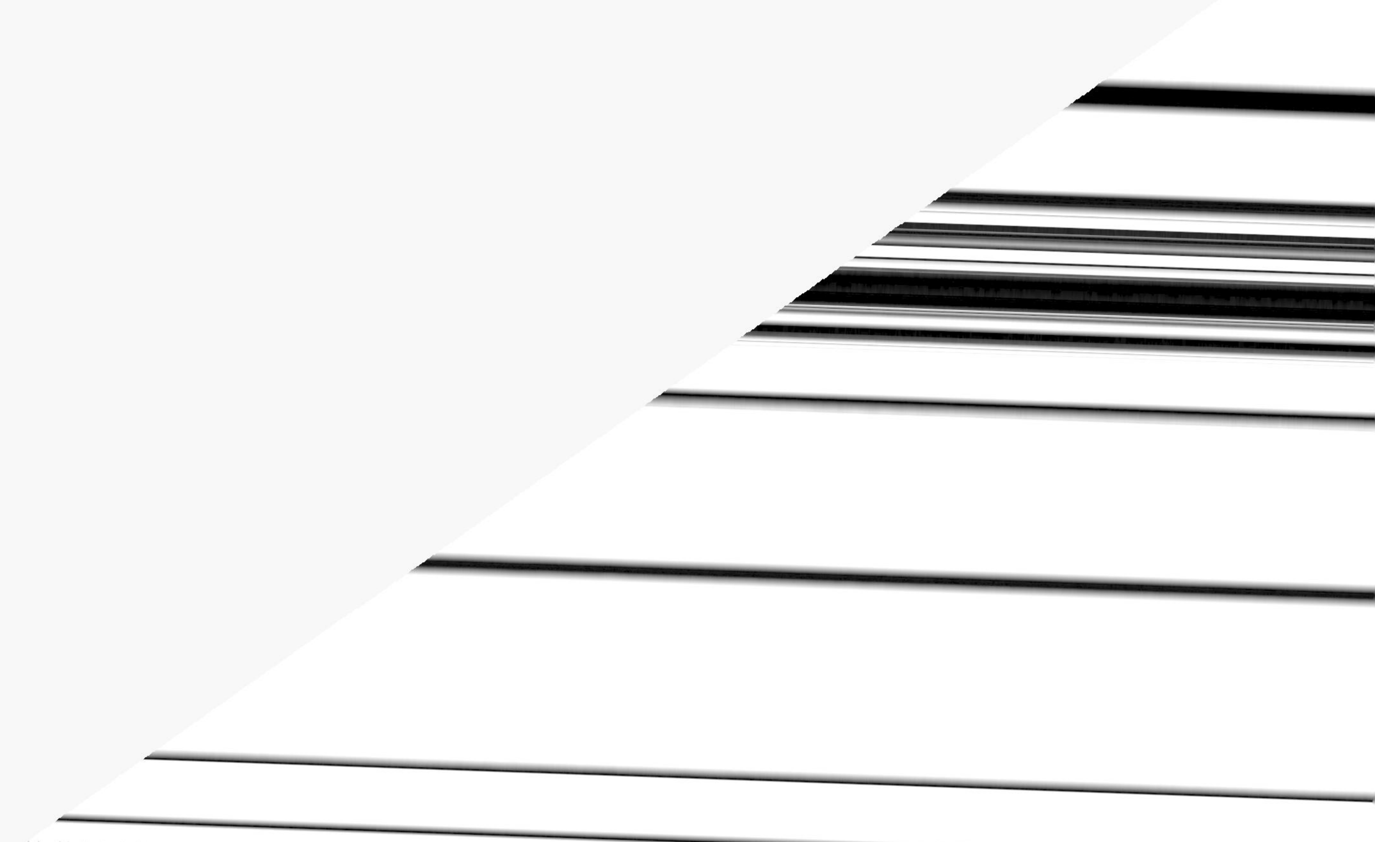

約 700 名の予報士が参加しました。

その後、会員数は順調に伸びてきましたが、任意団体であるがゆえに会の資産管理や対外的な契約、業務運営等に制約があり、社会的信用にも影響が出るなど、法人格の取得が大きな課題となっていました。これに対して、法律の専門家を含む多くの会員のご尽力により、2009 年 10 月に一般社団法人日本気象予報士会として新たな門出を迎えることができ、今日に至っています。

現在、会員数は 3300 名を超えています。気象を生業にされている方はもとより、学校の先生や会社員、医師、弁護士、学生や家庭の主婦など、さまざまな職業やバックグラウンドを持つ方々が参加し、協力しあって会の多様な活動を支え、諸問題の解決に貢献していただいています。こうした人材の多様性が、本会の大きな特徴であり強みでもあります。

本会の活動には大きく 3 つの柱があります。第一は気象技能の研鑽・向上と最新の気象知識の習得です。気象技術の進歩はまさに日進月歩で、試験に合格しただけではけっして十分ではなく、またすぐに陳腐化します。気象庁や気象学会などとも連携して、気象技能講習会やさまざまな講演会などを実施しています。

日本気象予報士会の活動

気象技能講習会の実施風景（2023 年 12 月）

第二は、技能講習などで培った知識や経験を生かした、気象・防災知識の普及啓発等の社会貢献活動です。市民や小中高生などを対象としたお天気教室や出前講座、気象庁虎ノ門庁舎での気象科学館の解説業務など多岐にわたっています。

第三は、会員相互の親睦や交流で、その中心となるのが全国 21 の支部や有志活動団体などの活動です。特に、女性予報士を核とする「サニーエンジェルス」は、雲の形と名前を楽しく学べる歌を作詞作曲し YouTube にアップするなど精力的に活動しています。また、機関誌「てんきすと」の発行やメーリングリストを通じた会員相互の情報交換も重要なツールとなっています。

こうした私どもの活動へのご理解・ご支援を賜りますとともに、多くの方が気象予報士の資格を取得され、日本気象予報士会に参加されることを期待しています。

コラム

●アメダスが50年を迎えます

アメダスセンターの様子（昭和50年頃）

アメダス（地域気象観測システム）は、923地点の雨量観測点により昭和49年（1974年）11月に運用を開始してから今年で50年を迎えます。全国の無人観測所で自動的に観測した気象データは、東京都千代田区に整備したアメダスセンター（当時）の情報処理装置で、自動で収集・品質管理・配信までを一括して行い、リアルタイムでの異常気象の監視や気象状況の把握に絶大な効果を発揮しました。以後、昭和51年（1976年）には気温、風向、風速、日照時間の観測の開始、昭和54年（1979年）には積雪観測の開始と順次観測の拡充をすすめ、令和6年（2024年）1月現在、1,284地点による観測網となっています。

科学技術の進歩とともに、新しい測器（レーザー式積雪計、電気式湿度計、超音波式風速計）を採用して観測精度を高め、また高頻度に観測を行う等、改良を続けてきました。運用開始当初、観測データは1時間毎の時間間隔でしたが、平成15年（2003年）には10分間隔に、平成20年（2008年）には10秒毎の時間間隔に短縮し、一日の最高・最低気温や最大瞬間風速などがより精緻に得られるようになりました。

アメダスから得られる観測·統計データは、10分毎に即時的な観測情報として配信し、気象庁ホームページでも閲覧出来ます。また各種統計を行ったデータについても気象庁ホームページ上で、準即時的な「最新の気象データ」や確定値としての「過去の気象データ検索」として公開し、広く国民に利用されています。

コラム

●デジタルアメダスアプリ等を用いた面的データの利活用促進

交通政策審議会気象分科会の提言において、社会サービスの基盤情報として広く国民一般の利用に資するよう、推計気象分布のような面的データの拡充の方向性が示されています。これを踏まえ気象庁では、運用開始から50年を迎え社会に広く根付いたアメダス同様、面的データがDX社会の様々な場面での基盤的なデータとして広く浸透するよう、推計気象分布の拡充や面的気象データの統計値の整備に加え、面的データを基に任意の地点の気象データが把握可能となる取り組みなど、面的データの拡充やその利便性向上と利活用の促進について取り組んでいます。

なお、面的データの利便性向上については、この取り組みを「デジタルアメダス」と呼んで特に力を入れており、面的データのニーズや利活用状況の把握のためスマートフォン向けの「デジタルアメダスアプリ」を令和6年（2024年）4月に北海道を対象として先行的に公開しました。今後、アプリの利用状況を踏まえ、さらに面的データの利活用を促進する取り組みを進めていきます。

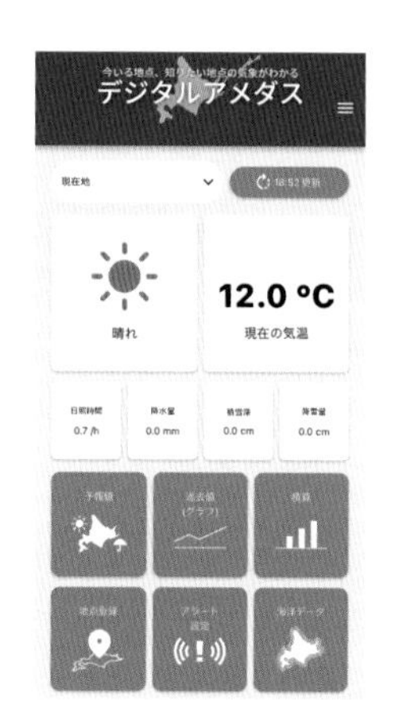

デジタルアメダスアプリ
（トップページ）

こうした台風進路予報精度
を踏まえ、令和５年（2023 年）６月から台風進路予報の予報円の大きさと暴風警戒域（台風の中心が予報円内に進んだ場合に風速 25m/s 以上の暴風となるおそれのある範囲）を従来よりも絞り込んで発表するよう改善しました。

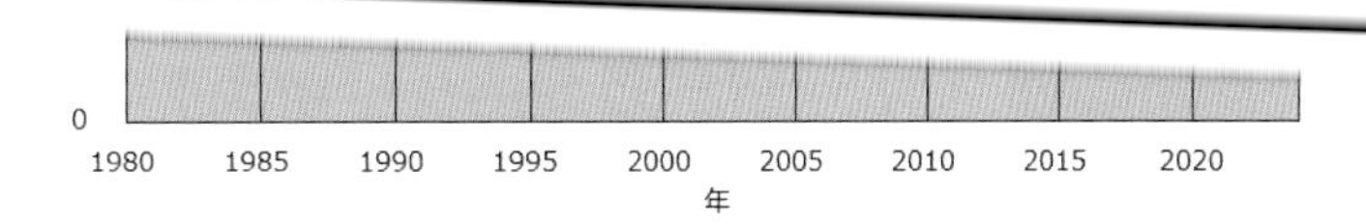

1982 年以降の 24 時間（1 日）先から 120 時間（5 日）先までの台風進路予報の誤差。誤差が小さいほど精度が高いことを示す。

今回の改善では、特に、３日先以降の予報円が大きく改善し、５日先の予報円の半径は従来と比べて最大 40%小さくなりました。令和元年東日本台風を例に挙げると、従来の予報円では５日先に台風の中心が近畿にある可能性も示されていますが、改善後の予報円ではその可能性が低いことがわかります。

今回の改善により、タイムラインに沿った地方公共団体の防災対応や住民の皆様の防災行動をより適切に支援できるようになることが期待されます。

<台風進路予報円とは>

気象庁が発表する台風情報では、台風進路予報の幅を示すため、台風の中心が 70%の確率で入ると予想される範囲を円（予報円）で示しています。予報円の大きさは、最新の進路予報の検証結果に基づいて設定しており、加えて、予測の信頼度が低い場合には予報円がより大きく、信頼度が高い場合には予報円がより小さくなるよう調整して発表しています。

台風進路予報円・暴風警戒域の改善イメージ

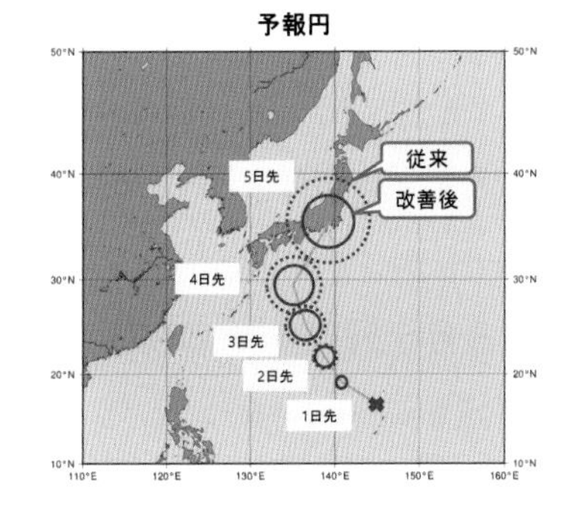

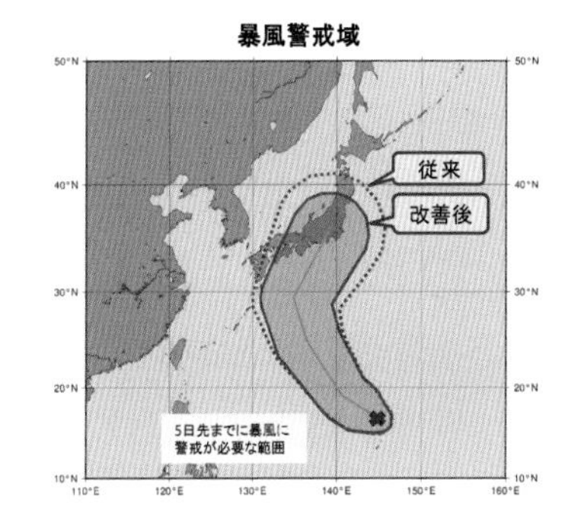

令和元年東日本台風を例とした改善イメージ。点線が従来の予報円・暴風警戒域、実線が改善後の予報円・暴風警戒域を示す。

V 気象庁の国際協力と世界への貢献

大気に国境はなく、台風等の気象現象は国境を越えて各国に影響を与えます。このため、精度の良い大気予報とそれに基づく的確な警報・注意報の発表のためには、国際的な気象観測データの交換や技術協力が不可欠です。また、気象分野のみならず、気候や海洋、地震津波、火山分野においても国際協力が重要です。このため、気象庁は、世界気象機関（WMO）等の国際機関を中心として世界各国の関連機関と連携しているほか、近隣諸国との協力関係を構築しています。

このトピックスでは、令和4年（2022年）の国連気候変動枠組条約（UNFCCC）第27回締約国会議（COP27）で立ち上げられた国連早期警戒イニシアティブの他、国際的なデータ交換、航空気象サービス、南極観測に関する当庁の最新の取り組みなど、気象業務に関する最近の国際的な動向について紹介します。

トピックスV－1 国連早期警戒イニシアティブ「全ての人々に早期警戒を」（EW4All）と気象庁の取り組み

EW4All のロゴ

Early Warnings for All

（1）世界的な「防災」の重要性の高まりとEW4All イニシアティブの立ち上げ

気候変動により気象災害が激甚化する中、気候変動適応策の一つとして世界的に「防災」の重要性が高まっています。一方、開発途上国を中心に、警報を含む気象防災情報が必ずしも有効に活用されていない、その提供自体が出来ていないという現状があります。こうした状況を踏まえ、令和4年（2022年）11月に開催された国連気候変動枠組条約（UNFCCC）第27回締約国会議（COP27）において、グテーレス国連事務総長の主導により、「国連早期警戒イニシアティブ『全ての人々に早期警戒を』（Early Warnings for All（EW4All））」が立ち上げられました。

本イニシアティブは、令和9年（2027年）までの5年間で世界中の人々が早期警戒システムにアクセスできることを目指し、開発途上国等の早期警戒システム構築を推進するものです。ここでいう「早期警戒システム」とは、警報等の防災気象情報を提供する仕組みのことです。本イニシアティブは、世界気象機関（WMO）と国連防災機関（UNDRR）を中心に、国際電気通信連合（ITU）や国際赤十字・赤新月社連盟（IFRC）、さらに各国及び様々な協力機関の連携により進められています。また、本イニシアティブには4つの「柱」となる活動が決められていますが、その中でWMOは、気象の「観測と予報」に関する活動をリードする役割を担っています。

（2）第19回WMO総会

このような背景の中、令和5年（2023年）5月22日から6月2日に、「第19回世界気象会議（WMO総会）」が開催され、国連早期警戒イニシアティブは重要議題の一つとなりました。各国や関係機関の代表から、本イニシアティブへの貢献や今後の活動の進展への期待が述べられる中、WMOは、本イニシアティブへの対応を今後の優先課題とし、開発途上国に対する技術的な支援や人材育成を通じて貢献していくことを決定しました。

（3）今後の気象庁の活動～開発途上国への国際貢献～

これまで気象庁は、世界の中で主要な国家気象機関の一つとして、WMOの活動に参加するだけでなく活動方針の決定にも関わり、さらに、台風やデータ通信、気候等の様々な分野で、アジア各国への支援を責務とするWMO地区センターの運営を行ってきました。また、昭和52年（1977年）に気象衛星ひまわりを打ち上げ、以後、歴代のひまわりの観測データをアジア太平洋の各国に提供してきました。

また、気象に加え、海洋や、地震・火山関連業務を対象に、開発途上国での能力向上及び日本の技術
進するため、外務省、国土交通省及び国際協力機構（JICA）と協力して、JICAの無償資金協力、技術協力
クトや課題別研修等において、研修員の受け入れや専門家の派遣を行っています。

EW4Allの実現に向け、気象庁は、世界的にも先進的な技術・知見を生かし、今後とも、我が国及び世界
業務の発展・改善に積極的に貢献するとともに、開発途上国への国際貢献を続けていきます。

開発途上国への専門家派遣

気象庁職員がフィジー気象局を訪問し、観測機器の維持管理に関する研修を行いました。

JICA 課題別研修「気象業務能力向上」コース

JICA が実施する気象分野の研修は、昭和 48 年度（1973 年度）に初めて実施され、令和５年度（2023 年度）に開始から 50 周年を迎えました。

コラム

●開発途上国での早期警戒システムの強化に向けた取り組み

国際協力機構（JICA）地球環境部防災グループ

築添　恵

国際協力機構（JICA）では、日本政府の政府開発援助（ODA）の実施機関として、熱帯地方や小島しょ国など自然災害の多発国である開発途上国に対して気象局の能力強化や気象レーダーなど機材整備を行い、これまで約 30 ヵ国でプロジェクトを実施しました。昭和 48 年（1973 年）から実施する気象庁での課題別研修や現地への日本人専門家派遣など、相手国に寄り添った長年の協力の成果もあり、近年ではこれら気象局が国民の命を守る防災機関として国をリードする存在となっています。フィジー気象局は、南太平洋の国々に対してサイクロン警報や研修を提供するなど、地域拠点として重要な役割を果たしています。

WMO 総会の様子

日本政府レセプションで JICA プロジェクトや気象庁と連携した取り組みを紹介しました（令和５年５月ジュネーブ）

令和５年（2023 年）の WMO 総会では、令和９年までの EW4All 達成に向けた議論が行われ、アルゼンチン、インドネシアなどの JICA のパートナーがリーダーシップを発揮しました。一方で、気象衛星や数値シミュレーションなどの高度な科学技術の利用や災害のインパクトに応じた警報の仕組みなど、防災先進国である日本の取り組みや気象庁の技術・知見を活用した協力が必要とされているため、引き続き、気象庁と連携して国際気象業務の推進や開発途上国の発展に取り組んでいきます。

補充注文カード
貴店名
部数
書名 気象業務はいま２０２４
定価（本体2,50
9784904263150
ISBN978-4-904263-15-0
C0044 ¥2500E

コラム

●第19回世界気象会議（WMO総会）

WMOは、世界の気象業務の調和的発展を目標として設立された国際連合の専門機関の一つです。全構成員が出席する世界気象会議（WMO総会）を4年ごとに開催し、向こう4年間の運営方針・事業計画・予算を決定するとともに、役員（総裁、副総裁、執行理事）及び事務局長の選出を行います。また、総会で選出された37名により構成される執行理事会を毎年開催し、事業計画実施の調整・管理に関する検討を行っています。我が国は昭和28年（1953年）の加盟以来、アジア地区における気象情報サービスの要として中心的な役割を果たしてきており、歴代気象庁長官は執行理事としてWMOの運営に参画しています。

第19回WMO総会の様子

発言する大林長官（当時）

出席者集合写真

第19回WMO総会は、令和5年（2023年）5月22日から6月2日まで、スイス・ジュネーブにおいて開催され、我が国から大林正典気象庁長官（当時）を首席代表とする政府代表団が出席しました。

総会では、令和6年（2024年）から令和9年の事業計画や予算を決定し、①社会ニーズに対応したより良いサービス、②地球システム観測・予測、③ターゲット研究の推進、④サービス能力の向上、⑤WMO組織の戦略的再編成の5つの長期目標のもと引き続き活動することを決定しました。

また、役員等の選出では、事務局長にアルゼンチン気象局長官だったCeleste SAULO氏、総裁にはアラブ首長国連邦気象局長官のAbdulla Ahmed AL MANDOUS氏が選出され、当庁の大林長官は執行理事に選出されました。

総会では、様々な議題において我が国から積極的に発言を行い、大いに存在感を示すことができたと思います。また、会期中に在ジュネーブ国際機関日本政府代表部 山﨑和之特命全権大使（役職は当時）と大林長官の主催のレセプションを開催して我が国の取り組みを紹介し、EW4Allに資する防災先進国としての我が国の貢献及び先駆性をアピールすることができました。気象庁は、世界的にも先進的な技術・知見を生かし、今後とも我が国及び世界の気象業務の発展・改善に貢献していきます。

WMO初の女性事務局長誕生

Saulo事務局長は、WMO初の女性事務局長となりました。

トピックスV－２　WIS2.0 導入に向けたワークショップ開催

（1）国際的な気象データ交換の発展

観測データ等を国際的かつ迅速に交換するためには、全世界的な情報基盤が不可欠です。世界気象機関（WMO）情報システム（WIS）は、気象に関するデータなどの情報を国際的に効率よく交換・提供するために、WMO が構築した情報基盤です。近年は、数値予報や衛星のデータ等の高密度・高頻度化に伴って増え続けるデータ量・種類に対応するため、次世代の情報基盤となる WIS2.0 の開発が WMO によって進められており、インターネットを活用し汎用的な Web 技術によるデータ交換を目指しています。

全世界的な気象通信ネットワーク

東京（日本）

世界中の気象局を結ぶ基幹通信網にて 24 時間・365 日様々な気象データが流通

（2）開発途上国への技術支援

気象庁は WIS の中核センターの一つとして、気象通信技術の高度化を推進するとともに、東南アジア地域を対象とした技術支援を通じて観測データ等の効率的な国際交換・提供に貢献しており、各国気象機関の職員を招聘する WIS ワークショップを定期的に開催しています。平成 22 年（2010 年）から計 7 回の WIS ワークショップを開催し、実践的な通信技術に関する講義や実習等を行ってきました。

（3）第 7 回 WIS ワークショップの開催

気象庁は、令和 5 年（2023 年）11 月 28 日から 30 日にかけて、東南アジア地域を中心とする 9 か国の気象機関の職員に参加いただき、WIS ワークショップを対面･オンラインの併用で開催しました。今回の WIS ワークショップでは、各国の WIS2.0 移行を後押しすることを目的に、様々な講義を行うことに加え、WIS2.0 のソフトウェアを用いた実習も行うことで、WIS2.0 におけるデータ取得や発信等の流れについて参加者に理解を深めていただくことができました。気象庁は、今後も WIS ワークショップの定期的な開催に加え、各国への現地訪問等による技術支援を通じて、継続的な国際協力に貢献していきます。

第 7 回 WIS ワークショップの様子

（左）外国気象機関から対面・オンライン併用で参加

（右）実習において気象庁職員が研修員をサポートする様子

コラム

● ICAOにおける航空気象サービスの高度化に向けた検討

国際民間航空機関（ICAO）航空技術局　気象技術官

龍崎　淳

国際民間航空機関（ICAO）では、昭和19年（1944年）に採択された国際民間航空条約（シカゴ条約）に基づき、国際航空の持続的な発展のための国際標準・勧告方式やガイドラインを策定しています。航空の安全性・効率性や保安の維持・確保に加え、近年では航空による気候変動への影響の軽減も重点目標の一つとなっています。航空機は運航のあらゆるフェーズにおいて、気象の影響を受けます。そのため、シカゴ条約第3附属書において、航空気象サービスに関する国際標準・勧告方式を定め、世界各国の空港や上空における気象状況やその変化を航空管制機関や民間航空会社、パイロット等に遅滞なく伝達する枠組を整えてきました。

現代の社会経済への航空の果たす役割は大きく、航空輸送への更なる需要増大に対応する、将来の航空交通システムの実現に向けた様々な取り組みが進められています。ICAOグローバル航空計画（Global Air Navigation Plan）では、航空機が地上システムや他の航空機と気象情報を含む必要なデータを常に送受信しながら、最適な軌道（Trajectory）を飛行する「軌道ベース運航（Trajectory Based Operation）」の導入に向けたロードマップがまとめられています。航空気象サービスについても大きな変革が求められており、従来の定型的な文字形式・図形式情報の配信から、XML等の汎用デジタル技術を駆使した高精度の気象データの送受信に移行し、航空ユーザーの意思決定をより直接的かつ高度に支援するサービスの実現が計画されています。

私が事務局を担当しているICAO航空委員会気象パネル（Meteorology Panel, METP）では、日本を含む31か国の専門家がメンバーとなり、航空気象サービスの高度化について、様々な角度から議論しています。日本は、上空の強い偏西風や地上の雷雨・強風・降雪、さらには台風や火山灰に至るまで、航空機の運航に影響を及ぼすあらゆる現象が発生する環境にあります。このような環境下で航空の安全性・効率性を支えてきた日本の経験や知見が、ICAOにおける検討に是非生かされるよう、事務局という立場からも大いに期待しています。

気象パネル（METP）作業部会会合の様子

各国専門家が参加、航空気象サービスの高度化に向け議論しました。（2023年3月、モントリオール（ICAO本部））

トピックスV－3　第66次南極地域観測隊越冬隊長派遣

令和6年(2024年)12月に南極昭和基地に向けて日本を出発する第66次南極地域観測隊へ気象庁から越冬隊長を派遣します。気象庁から越冬隊長を派遣するのは4年ぶり6人目となります。越冬隊長は、越冬隊を統括し各種の重要な観測を確実に遂行することが課せられており、その責任は非常に重大です。

第66次南極地域観測隊　藤田建越冬隊長

気象庁からは例年の観測隊へも職員を定常観測気象部門へ派遣しています。昭和基地では第1次隊からの地上気象観測をはじめとして、高層気象観測、オゾン観測、日射放射観測などを現在実施しています。観測データは、即時的に全世界に通報し各国の予報に利用されるほか、世界気象機関(WMO)の全球気候観測システム(GCOS)や全球大気監視(GAW)計画、世界気候研究計画(WCRP)の観測地点として各データセンターへ提供しています。一方、天気解析を通して、隊員に対し情報を発信し、野外活動での安全を守っています。特にふぶきで見通しが悪くなると、遭難するおそれがあります。越冬隊長は外出禁止令などで外出を制限するなど、隊全体の安全管理を行っています。

コラム

●南極地域観測隊における気象庁の位置付け

大学共同利用機関法人 情報・システム研究機構
国立極地研究所

伊村　智　南極観測センター長

令和6年（2024年）の冬、南極昭和基地には第65次隊が到着し、活動を開始しています。その数字が示す通り、途中に短い中断をはさみながらも、日本の南極観測活動は間もなく70周年を迎えようとしています。この間、昭和基地における気象観測は、ひと時も途絶えることなく綿々と続けられ、貴重なデータを世界に提供してきました。世界に先駆けてのオゾンホールの発見や、温室効果気体の濃度上昇、定常気象通報など、南極から発信してきた気象観測の成果は数知れません。

昭和基地で一年間観測に従事する越冬隊員は、毎年30人程度です。その中で最大の勢力を誇るのが、5人からなる気象チームです。隊の2割弱を占めるチームは、全体の雰囲気さえも左右する、まさに隊の中核とも言える集団となっています。観測隊を編成する極地研と、隊の中核を派遣する気象庁。まさに日本の南極観測は、極地研と気象庁のタッグによって続けられてきたのです。

これからも、南極観測の100年、さらにその先に向けて、よろしくお願いいたします。

Ⅵ　普及啓発の取り組み

トピックスⅥ－１　広報・普及啓発の取り組み

令和５年（2023 年）５月に新型コロナウイルス感染症が５類に移行されたことを受け、オンラインに限定されていた広報イベント等は、順次実地開催に移行し、コロナ禍での経験を踏まえつつ工夫して取り組んでいます。

（1）夏休みこども見学デー

各地の気象台では、防災気象情報の正しい理解と利用を目的として、毎年夏休みの時期に「お天気フェア」を開催しています。ここ数年は、YouTube 等を活用したオンライン方式で開催していましたが、令和５年は多くの気象台で実地開催し、一部プログラムではコロナ禍での経験を活かしてオンラインも併用しました。

○虎ノ門に移転して初めて実地開催した「夏休みこども見学デー」

気象庁本庁では、毎年８月に「夏休みこども見学デー」を開催しています。令和５年（2023 年）は令和元年（2019 年）以来の４年ぶり、虎ノ門に移転してからは初の実地開催となり、２日間で 1,273 名の方にご来場いただきました。会場では、気象や地震等に関連する実験や工作するブース、イベント会場各所を巡るスタンプラリーのほか、天気予報や地震・火山の情報を発表する各オペレーションルームをめぐる見学ツアー、南極で勤務をする職員とオンラインで会話できる南極中継を実施しました。来場者アンケートでは、９割以上の方が「とても楽しかった」「楽しかった」と回答いただき、大盛況のうちに終えることができました。

「夏休みこども見学デー」の様子

南極中継

（2）はれるんカード

令和４年（2022 年）６月より、気象庁の施設を訪れた方が入手できる「はれるんカード」を開始しました。このカードは、施設に掲示されている QR コードから、スマートフォン等を用いてダウンロードできるデジタルカード（画像データ）で、施設の紹介や豆知識を記載しています。

特に、令和６年（2024 年）は、はれるん誕生 20 周年特別版のカードも用意しています。

詳細な情報は以下 URL からご覧ください。

https://www.e-watcherstomo.com/ はれるんカード /

はれるんカードの遊び方

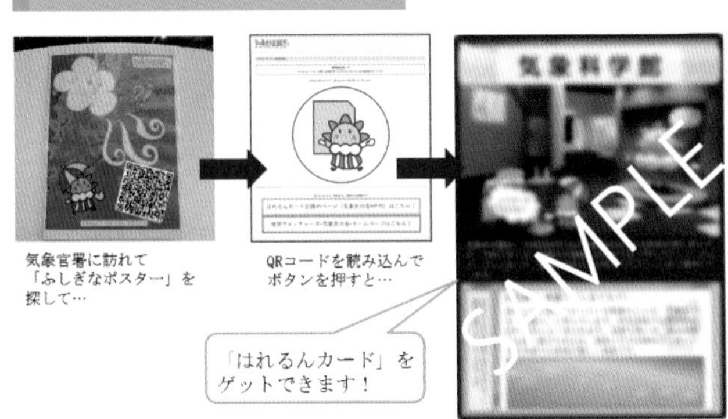

(3) ポスターコンクール

気象庁では、本庁庁舎の港区への移転を契機に、港区教育委員会・気象友の会と共催し、令和3年(2021年)よりポスターコンクールを実施しています。ポスター作成をきっかけとして防災について家族で話し合っていただくこと等を目的とし、港区立の小中学生を対象として作品を募集しています。令和5年度(2023年度)は関東大震災から100年を契機として「津波から身を守る」、「緊急地震速報」をテーマにポスターを募集し、約100作品の応募がありました。共催の三者で4賞ずつ計12賞、これに加えて、優秀な作品を入選とし、ポスターの選定を行いました。令和5年度の受賞作品は以下のとおりです。

令和5年度　ポスターコンクール　気象庁入賞作品

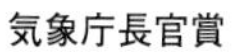
気象庁長官賞

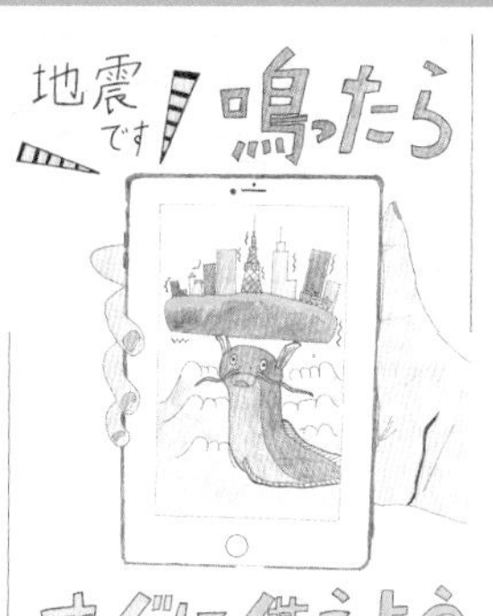

気象庁地震火山部長賞

気象庁地震津波監視課長賞

はれるん賞

令和5年度は「地震・津波から身を守る」をテーマに、沖縄県でも県内の小中学生を対象にポスターを募集しました。受賞作品は以下のとおりです。

令和5年度　ポスターコンクール　沖縄気象台入賞作品

沖縄気象台長賞

はれるん賞

はれるん賞

気象庁では、今年度以降も引き続きコンクールを実施し、小中学生を対象とした防災知識の普及啓発を推進していきます。

トピックスⅥ－２　はれるん誕生 20 周年

はれるん

気象庁マスコットキャラクター「はれるん」は、気象庁への親近感をより深め、気象庁の業務に親しみを持っていただくことや気象業務の役割をイメージしてもらうために平成 16 年（2004 年）6 月 1 日に誕生し、令和 6 年（2024 年）で 20 周年を迎えます。

「太陽」、「雲」、「雨」をモチーフにしたキャラクターで、右手には災害のない調和のとれた社会への祈りを込めた緑色のタクトを持っています。

はれるんは、気象科学館の館長として来館者のみなさまを入口でお迎えしているほか、夏休みには、気象庁本庁や各地の気象台で毎年開催している夏休み子ども見学デーをはじめ様々なイベントに参加しています。イベントでは、多くの子どもたちに気象庁や業務について理解を深めていただきました。

20 周年を迎える今年は、より多くの全国の様々なイベントに参加し、子ども達を中心に気象や地象への関心を高め、防災意識を根付かせる取り組みをしていく予定です。

はれるんの活躍

in新千歳空港

in仙台管区気象台

in東京管区気象台

in大阪管区気象台

in福岡管区気象台

in沖縄気象台

（左）気象科学館長を務めるはれるん、（右）各地の気象台のイベントに参加するはれるん

◯はれるん誕生 20 周年記念特設ページ

気象庁ホームページにおいて「はれるん誕生 20 周年記念特設ページ」を開設しています。このページでは、はれるん誕生 20 周年に関するお知らせやプロフィール、参加するイベント情報、気象・地象の豆知識などを掲載しています。

はれるん誕生 20 周年記念特設ページ

◯インスタグラムでのはれるんアカウント開設

はれるん誕生 20 周年を記念し、インスタグラムではれるんアカウント（@harerun_jma）を期間限定で開設しました。ここでは、はれるんのおでかけやイベントへの参加の様子を投稿をしています。

◯夏休みこども見学デー（20 周年お祝いブース）

令和 6 年も「こども霞が関見学デー」の一環として、気象庁本庁において「夏休みこども見学デー」を開催する予定であり、今年は、はれるん 20 周年のお祝いブースの設置も行います。各地の気象台も含め、各種イベントにおいて、20 周年記念ステッカーなどのプレゼント企画もあります。これを機会に、親子で気象のしくみ等に興味を持ち、防災意識も高めてもらえるように、様々な仕掛けや工夫を予定しています。

はれるん誕生 20 周年記念ステッカー等

トピックスⅥ－３　気象業務150年へ向けて

気象庁は、東京気象台が当時の赤坂区溜池葵町（現：港区虎ノ門）で明治８年（1875年）に観測業務を開始して以来、令和7年（2025年）で150年の節目を迎えます（図に所在地の変遷を示します）。この節目を迎えるにあたり、様々なイベントなどを企画しています。

気象庁の所在地変遷

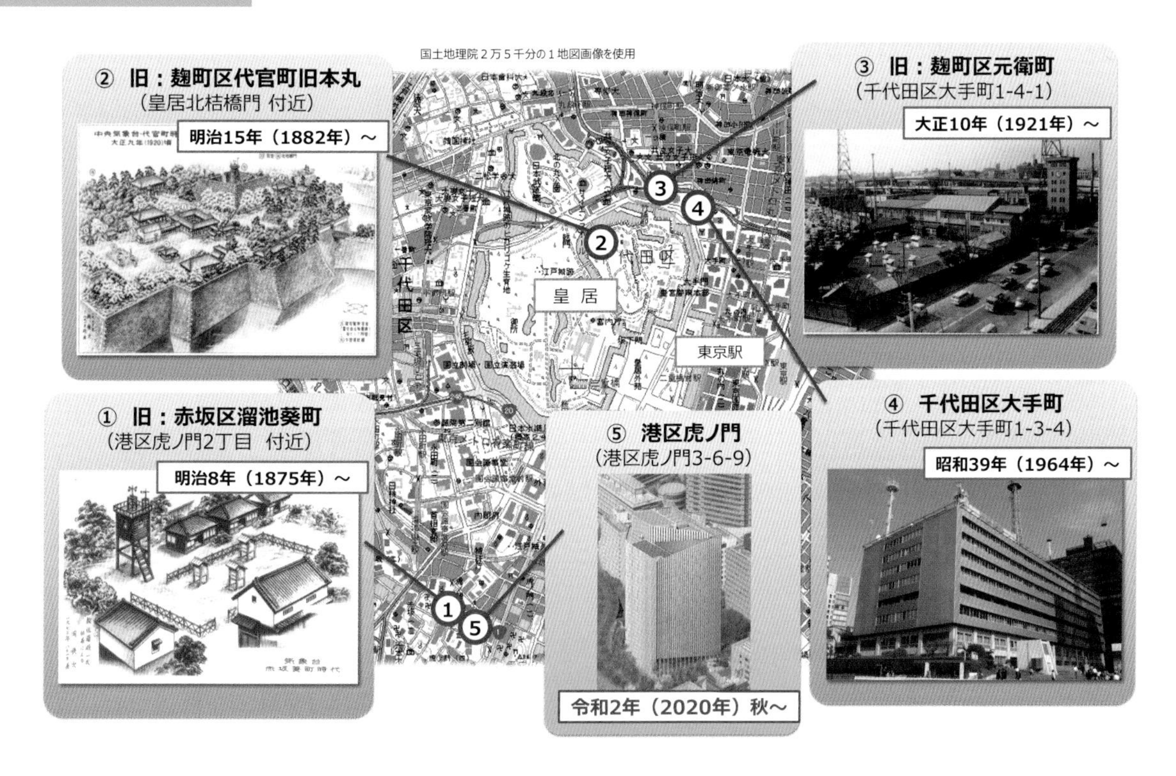

（1）気象業務150周年記念広報事業

気象庁では、150年間の気象業務の発展の歴史、これからの気象業務の展望、及び国民の皆様に気象業務に対する理解も深めていただけるような記念ロゴ、キャッチコピーの募集や気象科学館の展示の強化など、各種取り組みを計画しています。詳細は気象庁ホームページなどで随時発信していきます。

（2）気象業務150周年記念式典

国民生活及び産業発展に寄与してきた「気象業務の年」を寿ぐとともに、最新の科学的知見により技術向上に努め、国民の安心・安全及び業務遂行への思いを新たにするため「気象業務１５０周年記念式典」を開催する準備を進めています。

（3）気象百五十年史（仮称）の編纂

気象庁のこれまでの歩みについては、昭和50年（1975年）にその100年間の功績を「氣象百年史」としてまとめています。それから50年。科学技術は急速に発達し、気象衛星やスーパーコンピュータなどの新たな技術を取り入れながら、気象業務は発展してきました。また、社会から求められる役割の変化に応じて、より活用される情報発信にも取り組んできました。

これらの足跡を「気象百五十年史（仮称）」として編纂する準備を進めています。

Ⅶ 次世代気象業務の柱

気象庁では、気象業務が社会的課題の解決へ一層貢献していくため、「交通政策審議会気象分科会」を開催し、その提言を踏まえ様々な施策を推進してきました。近年では、中長期的な気象業務のあり方を展望した提言「2030年の科学技術を見据えた気象業務のあり方」（平成 30 年（2018 年） 8月公表） 等を踏まえ、観測・予測精度向上のための技術開発、気象情報・データの利活用促進、防災対応・支援の推進などの施策を進めてきたところです。しかし、この間も、観測・予報技術や情報処理技術の進展、令和 6 年能登半島地震や令和元年東日本台風等の災害発生に伴う社会の対応の変化等、気象業務を取り巻く状況は年々変化しています。

気象庁が強化して取り組んでいくべき施策の方向性

○気象業務が社会的課題の解決へ一層貢献していくため、交通政策審議会気象分科会提言「2030年の科学技術を見据えた気象業務のあり方」等を踏まえ様々な施策を進めてきたところ。今回、これまでの施策の進捗状況や気象業務を取り巻く状況の変化を踏まえ、目標とした2030年までの残り６年間や更にその後を見据え、気象庁が強化して取り組んでいくべき施策の方向性について検討。

気象業務を取り巻く状況の変化

- 自然災害の激甚化を踏まえ、気象庁は「技術官庁」のみならず「防災官庁」としての責務を果たすことが一層求められていることから、予測精度向上や利用者ニーズを踏まえた情報提供について、様々な関係者とも連携して推進することが必要。
- AI技術を活用したDXが加速している中、気象業務にも最新技術を取り込み、デジタル化した社会に対応した取組の推進が必要。
- GX等の取組が官民をあげて推進されている中、気候変動の知見等を持つ気象庁の役割を今後もしっかりと果たしていくことが必要。

現在、推進中の主な施策

線状降水帯に関する予測精度向上

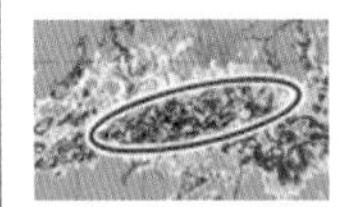

- 観測体制の強化
- 数値予報モデルの高度化　等

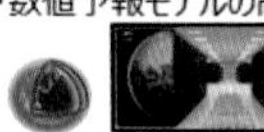

次期静止気象衛星の整備

- 令和11年度に運用開始予定

このほか、「2030年提言」等を踏まえ、産学官連携等の様々な施策を実施

地域防災支援

地域防災支援業務の強化

気象や地震・火山による災害時に、地域社会の防災・復旧活動をより一層効果的に支援していくため、これまでの取組を振り返りながら、より効果的な取組方策、業務体制のあり方、外部機関との連携方策などについて検討。

今後、強化すべき施策

（Ⅰ）社会の防災・経済活動に貢献する台風情報の高度化
- 予測精度向上とともに利用者ニーズに応じた様々な時間スケールや、よりきめ細やかな情報の提供を図る。

（Ⅱ）先端AIと協調した気象業務の強化
- 気象業務におけるAI活用について、技術開発や実装に向けた取組を一層推進。実況監視の高度化・予測の高度化・防災情報の高度化など、気象業務を支える技術全般を強化する。

（Ⅲ）DX時代における点から面の情報への転換
- 災害時の情報提供も含め、任意の場所のデータを従来の点の観測データに近い形で入手可能となるような面的情報を拡充する。

（Ⅳ）GXの推進等の気候変動対応への一層の貢献
- 当庁の持つ気候変動関連の情報をわかりやすく強力に発信する取組を強化する。

（Ⅴ）大規模地震・大規模噴火対策の推進
- 大規模地震・大規模噴火時における地震、津波、広域降灰等に関する情報提供体制を強化する。

第 38 回気象分科会（令和 6 年 3 月 28 日）配布資料より
https://www.mlit.go.jp/policy/shingikai/kishou00_sg_000121.html

このような状況を踏まえ、令和 6 年3月 28 日に第 38 回交通政策審議会気象分科会を開催し、これまでの施策の進捗状況を点検するとともに、今後気象庁が強化して取り組んでいくべき施策の方向性について議論を行いました。例えば、台風情報について、諸外国の気象機関では様々な情報が発表されている中、日本では、長年、表示形式が大きく変わっていない等、様々な業務について課題があることが示されました。このような各分野における課題や社会の変化を踏まえ、引き続き、線状降水帯の予測精度向上や地域防災支援業務の強化等を図るとともに、今後強化すべき施策の方向性として、 1．社会の防災・経済活動に貢献する台風情報の高度化、 2．先端 AI と協調した気象業務の強化、 3．DX 時代における点から面の情報への転換、 4．GX の推進等の気候変動対応への一層の貢献、 5．大規模地震・大規模噴火対策について、さらに検討を深めることとされました。

気象庁では、今後、これら施策の強化方策について検討を進めていきます。

第三者創作図表リスト

ページ	タ イ ト ル	備 考
8	アントニオ・グテーレス氏	写真（国連広報センター提供）
14	コラム　2023年の異常高温を振り返って	著者顔写真
18	コラム　若者と共に気候変動問題を考える	著者顔写真
22	50年に1度程度の年最大24時間降水量の再現性と将来変化	図（京都大学 山本浩大氏提供）
30	コラム　気象防災ワークショップを活用した日本郵便における危機管理体制の充実	著者顔写真
31	ワークショップの様子	写真（若松忠秀氏提供）
31	コラム　市町村での気象防災アドバイザーの必要性（気象防災アドバイザー育成研修）	著者顔写真
32	線状降水帯の予測精度向上に向けた取り組み	図中のスーパーコンピューター「富岳」の写真（理化学研究所提供）
34	「ひまわり10号」完成予想図	画像（三菱電機提供）
42	東北大学 今村教授の講演	顔写真（東北大学災害科学国際研究所教授 今村文彦氏）
42	工学院大学 久田教授の講演	顔写真（工学院大学建築学部教授 久田嘉章氏）
42	宮城県 大内防災推進課長の講演	顔写真（宮城県復興・危機管理部防災推進課長 大内伸氏）
48	コラム　浅間山のマグマ供給系と噴火活動	著者顔写真
48	地震と地殻変動の観測から明らかになった浅間山のマグマ供給系	図（武尾実氏提供）
49	火山調査研究推進本部の概要	図（文部科学省提供）
54	コラム　気象データの専門家として海上工事の最適化に挑む	著者顔写真
54	コラム　美味しいビールのために、気象データアナリスト	著者顔写真
55	コラム　営農支援情報の開発と普及、生産者への伝達　～北海道の事例紹介～	著者顔写真
56	コラム　農業気象情報を活用した営農支援と生産者への伝達	著者顔写真
56	コラム　十勝農業を支えるTAFシステム	著者顔写真
58	コラム　気象データを社会に活かすため気象予報士として出来ること	著者顔写真
58	コラム　気象情報は未来をよくするためにある	著者顔写真
59	コラム　気象予報士30年　―日本気象予報士会の軌跡―	著者顔写真
59	日本気象予報士会の活動	写真（瀬上哲秀氏提供）
60	デジタルアメダスアプリ（トップページ）	画像（気象工学研究所提供）
62	EW4Allのロゴ	画像（国連提供）
63	コラム　開発途上国での早期警戒システムの強化に向けた取り組み	著者顔写真
63	WMO総会の様子	写真（築添恵氏提供）
64	発言する大林長官（当時）	画像（WMO配信の会議映像を基に気象庁作成）
64	出席者集合写真	写真（WMO提供）
64	WMO初の女性事務局長誕生	写真（WMO提供）
66	コラム　ICAOにおける航空気象サービスの高度化に向けた検討	著者顔写真
66	気象パネル（METP）作業部会会合の様子	写真（龍崎淳氏提供）
67	コラム　南極地域観測隊における気象庁の位置付け	著者顔写真

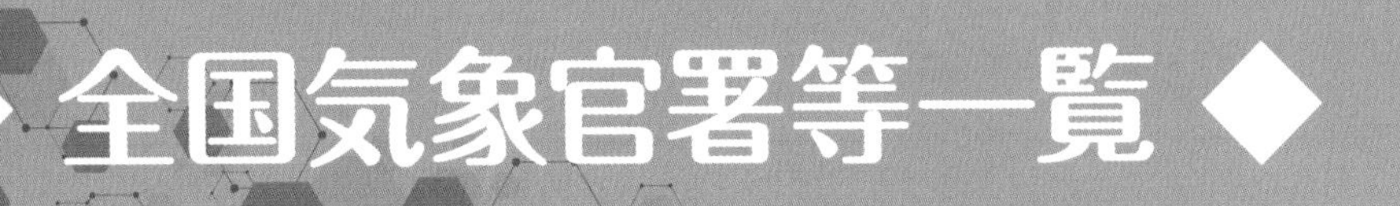

◆全国気象官署等一覧◆

（令和6年4月1日現在）

気象官署名	郵便番号	所在地等	電話番号
気象庁	105-8431	港区虎ノ門3-6-9	03-6758-3900
気象研究所	305-0052	つくば市長峰1-1	029-853-8552
気象衛星センター	204-0012	清瀬市中清戸3-235	042-493-1111
高層気象台	305-0052	つくば市長峰1-2	029-851-4125
地磁気観測所	315-0116	石岡市柿岡595	0299-43-1151
気象大学校	277-0852	柏市旭町7-4-81	04-7144-7185
札幌管区気象台	060-0002	札幌市中央区北2条西18-2	011-611-6127
函館地方気象台	041-0806	函館市美原3-4-4 函館第2地方合同庁舎	0138-46-2214
旭川地方気象台	078-8391	旭川市宮前1条3-3-15 旭川合同庁舎	0166-32-7101
室蘭地方気象台	051-0012	室蘭市山手町2-6-8	0143-22-2598
釧路地方気象台	085-8586	釧路市幸町10-3 釧路地方合同庁舎	0154-31-5145
網走地方気象台	093-0031	網走市台町2-1-6	0152-44-6891
稚内地方気象台	097-0023	稚内市開運2-2-1 稚内港湾合同庁舎	0162-23-6016
仙台管区気象台	983-0842	仙台市宮城野区五輪1-3-15 仙台第3合同庁舎	022-297-8100
青森地方気象台	030-0966	青森市花園1-17-19	017-741-7412
盛岡地方気象台	020-0821	盛岡市山王町7-60	019-622-7869
秋田地方気象台	010-0951	秋田市山王7-1-4 秋田第2合同庁舎	018-824-0376
山形地方気象台	990-0041	山形市緑町1-5-77	023-624-1946
福島地方気象台	960-8112	福島市花園町5-46 福島第2地方合同庁舎	024-534-6724
東京管区気象台	204-8501	清瀬市中清戸3-235	042-497-7182
水戸地方気象台	310-0066	水戸市金町1-4-6	029-224-1107
宇都宮地方気象台	320-0845	宇都宮市明保野町1-4 宇都宮第2地方合同庁舎	028-633-2766
前橋地方気象台	371-0026	前橋市大手町2-3-1 前橋地方合同庁舎	027-896-1190
熊谷地方気象台	360-0814	熊谷市桜町1-6-10	048-521-7911
銚子地方気象台	288-0001	銚子市川口町2-6431 銚子港湾合同庁舎	0479-22-0374
横浜地方気象台	231-0862	横浜市中区山手町99	045-621-1563
新潟地方気象台	950-0954	新潟市中央区美咲町1-2-1 新潟美咲合同庁舎2号館	025-281-5873
富山地方気象台	930-0892	富山市石坂2415	076-432-2332
金沢地方気象台	920-0024	金沢市西念3-4-1 金沢駅西合同庁舎	076-260-1461
福井地方気象台	910-0857	福井市豊島2-5-2	0776-24-0096
甲府地方気象台	400-0035	甲府市飯田4-7-29	055-222-3634
長野地方気象台	380-0801	長野市箱清水1-8-18	026-232-2738
岐阜地方気象台	500-8484	岐阜市加納二之丸6	058-271-4109

気象官署名	郵便番号	所在地等	電話番号
静岡地方気象台	422-8006	静岡市駿河区曲金2-1-5	054-286-6919
名古屋地方気象台	464-0039	名古屋市千種区日和町2-18	052-751-5577
津地方気象台	514-0002	津市島崎町327-2 津第2地方合同庁舎	059-228-4745
成田航空地方気象台	282-0004	成田市古込字込前133 成田国際空港管理ビル内	0476-32-6550
東京航空地方気象台	144-0041	大田区羽田空港3-3-1	03-5757-9674
中部航空地方気象台	479-0881	常滑市セントレア1-1	0569-38-0001
大阪管区気象台	540-0008	大阪市中央区大手前4-1-76 大阪合同庁舎第4号館	06-6949-6300
彦根地方気象台	522-0068	彦根市城町2-5-25	0749-23-2582
京都地方気象台	604-8482	京都市中京区西ノ京笠殿町38 京都地方合同庁舎	075-823-4302
神戸地方気象台	651-0073	神戸市中央区脇浜海岸通1-4-3 神戸防災合同庁舎	078-222-8901
奈良地方気象台	630-8307	奈良市西紀寺町12-1	0742-22-4445
和歌山地方気象台	640-8230	和歌山市男野芝丁4	073-432-0632
鳥取地方気象台	680-0842	鳥取市吉方109 鳥取第3地方合同庁舎	0857-29-1312
松江地方気象台	690-0017	松江市西津田7-1-11	0852-21-3794
岡山地方気象台	700-0984	岡山市北区桑田町1-36 岡山地方合同庁舎	086-223-1721
広島地方気象台	730-0012	広島市中区上八丁堀6-30 広島合同庁舎4号館	082-223-3950
徳島地方気象台	770-0864	徳島市大和町2-3-36	088-622-2265
高松地方気象台	760-0019	高松市サンポート3-33 高松サンポート合同庁舎南館	087-826-6121
松山地方気象台	790-0873	松山市北持田町102	089-941-6293
高知地方気象台	780-0870	高知市本町4-3-41 高知地方合同庁舎	088-822-8883
関西航空地方気象台	549-0011	大阪府泉南郡田尻町泉州空港中1番地	072-455-1250
福岡管区気象台	810-0052	福岡市中央区大濠1-2-36	092-725-3601
下関地方気象台	750-0025	下関市竹崎町4-6-1 下関地方合同庁舎	083-234-4005
佐賀地方気象台	840-0801	佐賀市駅前中央3-3-20 佐賀第2合同庁舎	0952-32-7025
長崎地方気象台	850-0931	長崎市南山手町11-51	095-811-4863
熊本地方気象台	860-0047	熊本市西区春日2-10-1 熊本地方合同庁舎 A棟	096-352-7740
大分地方気象台	870-0023	大分市長浜町3-1-38	097-532-0667
宮崎地方気象台	880-0032	宮崎市霧島5-1-4	0985-25-4033
鹿児島地方気象台	890-0068	鹿児島市東郡元町4-1 鹿児島第2地方合同庁舎	099-250-9911
福岡航空地方気象台	812-0005	福岡市博多区大字上臼井字屋敷295	092-621-3945
沖縄気象台	900-8517	那覇市樋川1-15-15 那覇第1地方合同庁舎	098-833-4281
宮古島地方気象台	906-0013	宮古島市平良字下里1020-7	0980-72-3050
石垣島地方気象台	907-0004	石垣市字登野城428	0980-82-2155
南大東島地方気象台	901-3805	沖縄県島尻郡南大東村字在所306	09802-2-2535

「気象業務はいま 2024」の利用について

「気象業務はいま 2024」に掲載されている図表・写真・文章（以下「資料」といいます。）は、第三者の出典が表示されているものを除き、資料の複製、公衆送信、翻訳・変形等の翻案等、自由に利用できます。ただし、以下に示す条件に従っていただく必要があります。

・利用の際は、出典を記載してください。

（出典記載例）

出典：気象庁「気象業務はいま 2024」より

・資料を編集・加工等して利用する場合は、上記出典とは別に、編集・加工等を行ったことを掲載してください。また編集・加工した情報を、あたかも気象庁が作成したかのような様態で公表・利用することは禁止します。

（資料を編集・加工等して利用する場合の記載例）

気象庁「気象業務はいま 2024」をもとに○○株式会社作成

・第三者創作図表リストに掲載されている図表または第三者の出典が表示されている文章については、第三者が著作権その他の権利を有しています。利用に当たっては、利用者の責任で当該第三者から利用の許諾を得てください。

お問い合わせ先

内容等についてお気付きの点がありましたら、下記までご連絡ください。

□内容について
〒105-8431
東京都港区虎ノ門3-6-9
気象庁総務部総務課広報室
電話03-6758-3900（代表）
気象庁ホームページ https://www.jma.go.jp
ご意見・ご感想はこちらから
https://www.jma.go.jp/jma/kishou/info/goiken.html

□製品・販売について
研精堂印刷株式会社
〒101-0051
東京都千代田区神田神保町3-7-4 プレシーズタワー8F
電話03-3265-0157
ホームページ https://www.kenseido.co.jp/

気象業務はいま 2024

令和6年6月1日発行　　　定価は表紙に表示してあります。

編　集　　気　象　庁
〒105-8431
東京都港区虎ノ門3-6-9
電話　(03) 6758-3900
ホームページ https://www.jma.go.jp
発　行　　研精堂印刷株式会社
〒700-0034
岡山県岡山市北区高柳東町13-12
電話　(086) 254-6471
ホームページ https://www.kenseido.co.jp

落丁、乱丁本はおとりかえします。

政府刊行物販売所一覧

政府刊行物のお求めは、下記の政府刊行物サービス・ステーション（官報販売所）
または、政府刊行物センターをご利用ください。

◎政府刊行物サービス・ステーション（官報販売所）

（令和6年2月1日現在）

	〈名　称〉	〈電話番号〉	〈FAX番号〉
札幌	北海道官報販売所	011-231-0975	271-0904
	（北海道官書普及）		
青森	青森県官報販売所	017-723-2431	723-2438
	（成田本店）		
盛岡	岩手県官報販売所	019-622-2984	622-2990
仙台	宮城県官報販売所	022-261-8320	261-8321
	（仙台政府刊行物センター内）		
秋田	秋田県官報販売所	018-862-2129	862-2178
	（石川書店）		
山形	山形県官報販売所	023-622-2150	622-6736
	（八文字屋）		
福島	福島県官報販売所	024-522-0161	522-4139
	（西沢書店）		
水戸	茨城県官報販売所	029-291-5676	302-3885
宇都宮	栃木県官報販売所	028-651-0050	651-0051
	（亀田書店）		
前橋	群馬県官報販売所	027-235-8111	235-9119
	（煥乎堂）		
さいたま	埼玉県官報販売所	048-822-5321	822-5328
	（須原屋）		
千葉	千葉県官報販売所	043-222-7635	222-6045
横浜	神奈川県官報販売所	045-681-2661	664-6736
	（横浜日経社）		
東京	東京都官報販売所	03-3292-3701	3292-1670
	（東京官書普及）		
新潟	新潟県官報販売所	025-271-2188	271-1990
	（北越書館）		
富山	富山県官報販売所	076-492-1192	492-1195
	（Booksなかだ掛尾本店）		
金沢	石川県官報販売所	076-234-8111	234-8131
	（うつのみや）		
福井	福井県官報販売所	0776-27-4678	27-3133
	（勝木書店）		
甲府	山梨県官報販売所	055-268-2213	268-2214
	（柳正堂書店）		
長野	長野県官報販売所	026-233-3187	233-3186
	（長野西沢書店）		
岐阜	岐阜県官報販売所	058-262-9897	262-9895
	（郁文堂書店）		
静岡	静岡県官報販売所	054-253-2661	255-6311
名古屋	愛知県第一官報販売所	052-961-9011	961-9022
豊橋	・豊川堂内	0532-54-6688	54-6691
名古屋駅前	愛知県第二官報販売所	052-561-3578	571-7450
	（共同新聞販売）		
津	三重県官報販売所	059-226-0200	253-4478
	（別所書店）		
大津	滋賀県官報販売所	077-524-2683	525-3789
	（澤五車堂）		
京都	京都府官報販売所	075-746-2211	746-2288
	（大垣書店）		
大阪	大阪府官報販売所	06-6443-2171	6443-2175
	（かんぽう）		
神戸	兵庫県官報販売所	078-341-0637	382-1275
奈良	奈良県官報販売所	0742-20-8001	20-8002
	（啓林堂書店）		
和歌山	和歌山県官報販売所	073-431-1331	431-7938
	（宮井平安堂内）		
鳥取	鳥取県官報販売所	0857-51-1950	53-4395
	（鳥取今井書店）		
松江	島根県官報販売所	0852-20-8811	20-8085
	（今井書店）		
岡山	岡山県官報販売所	086-222-2646	225-7704
	（有文堂）		
広島	広島県官報販売所	082-962-3590	511-1590
山口	山口県官報販売所	083-922-5611	922-5658
	（文栄堂）		
徳島	徳島県官報販売所	088-654-2135	623-3744
	（小山助学館）		
高松	香川県官報販売所	087-851-6055	851-6059
松山	愛媛県官報販売所	089-941-7879	941-3969
高知	高知県官報販売所	088-872-5866	872-6813
福岡	福岡県官報販売所	092-721-4846	751-0385
	・福岡県庁内	092-641-7838	641-7838
	・福岡市役所内	092-722-4861	722-4861
佐賀	佐賀県官報販売所	0952-23-3722	23-3733
長崎	長崎県官報販売所	095-822-1413	822-1749
熊本	熊本県官報販売所	096-277-9600	344-5420
大分	大分県官報販売所	097-532-4308	536-3416
	（大分図書）	097-553-1220	551-0711
宮崎	宮崎県官報販売所	0985-24-0386	22-9056
	（田中書店）		
鹿児島	鹿児島県官報販売所	099-285-0015	285-0017
那覇	沖縄県官報販売所	098-867-1726	869-4831
	（リウボウ）		

◎政府刊行物センター（全国官報販売協同組合）

	〈電話番号〉	〈FAX番号〉
霞が関	03-3504-3885	3504-3889
仙台	022-261-8320	261-8321

各販売所の所在地は、コチラから→ **https://www.gov-book.or.jp/portal/shop/**